青少年编程与人工智能启蒙

Python 实验编程 自然科学探究

鲁尚文 李佳熹 程 锐 ◎ 编著

科学出版社

北 京

内 容 简 介

　　本书选取一些自然科学的经典知识和案例，如数学中的傅里叶变换、圆周率，计算机技术中的RSA加密，数学建模中的微分方程数值算法，航天领域的火箭、发动机、卫星轨道和卫星探测等，将这些案例中的知识点、研究和计算过程与Python编程的应用有机结合，带领读者初步体验和学习使用Python进行数学建模、数据处理等。

　　本书可作为理工类学生学习Python、数学建模或使用相关工具的参考书，也可作为学有余力的高中阶段学生的探究性学习或科普知识用书。

图书在版编目（CIP）数据

Python 实验编程：自然科学探究/鲁尚文，李佳熹，程锐编著.—北京：科学出版社，2023.10

　　ISBN　978-7-03-076300-6

　　Ⅰ.①P…　Ⅱ.①鲁…　②李…　③程…　Ⅲ.①软件工具–程序设计Ⅳ.①TP311.561

中国国家版本馆CIP数据核字（2023）第169548号

责任编辑：孙力维　杨　凯 / 责任制作：周　密　魏　谨
责任印制：肖　兴 / 封面设计：郭　媛

北京东方科龙图文有限公司　制作

科 学 出 版 社 出版
北京东黄城根北街16号
邮政编码：100717
http://www.sciencep.com

北京科信印刷有限公司　印刷

科学出版社发行　各地新华书店经销

*

2023年10月第　一　版　　开本：787×1092　1/16
2023年10月第一次印刷　　印张：14
字数：280 000

定价：68.00元
（如有印装质量问题，我社负责调换）

前　言

Python是人工智能、机器学习、科学数据分析等领域非常热门的编程语言。但是，很多用户作为编程新手，学完"Hello, World！"和Python的基础语法后，对于进一步学习使用Python及相关工具感到困难，特别是难以将编程和实际应用结合起来。

本书从数学、物理、生物、计算机技术等各类学科知识中选取经典案例，将知识科普和编程设计有机结合，帮助读者克服进一步学习Python的困难，并且从中获取优质的科普知识。

本书分为以下四个部分：

① 数学内容的可视化，包括傅里叶变换、素数和圆周率。读者可能对这些内容并不陌生，但本章从全新的角度用图像将它们表现出来。

② 计算机技术中的RSA加密。作为涉及互联网信息安全的重要加密算法，本章介绍RSA加密的原理和算法，并通过实例展示其应用场景。

③ 求解微分方程。本章结合生物学和物理学的案例，演示微分方程的各种数值解法，探究其效率和精度。

④ 航天相关知识。本章介绍火箭、发动机、卫星轨道和卫星观测的相关知识，并借助Python求解一些有实际意义的结果。

为了深入讲解这些知识，书中进行了大量的数学推导，这也是本书的特色之一。毕竟，数学推导是探究性学习中必不可少的环节。因此，理解本书的内容需要读者有Python语言的基础，并掌握大学本科基础数学知识（微积分、线性代数等）。

　　在开始本书内容之前，有必要介绍一下交互式笔记本工具Jupyter Notebook。它是科学计算和机器学习领域的热门工具，支持Python、R、Julia等编程语言。本书使用的所有代码文件格式是.ipynb，格式的全名为IPython Notebook（Jupyter Notebook的前身），是一种交互式笔记本格式。用户可在其中编写代码片段并执行，即时获得代码片段的输出结果（文字、图像、视频等）。用户也可在其中编写Markdown格式的笔记，将Python代码、代码的运行结果和相关的文字内容整合成一篇图文并茂、内容翔实的笔记。用户还可以借助Jupyter Notebook提供的格式转换工具将笔记转换为网页（HTML）、LaTeX文档或PDF等格式。

目　录

第 1 章　数学可视化 ··· 1

  1.1　离散傅里叶变换和频域变换 ··· 1

    1.1.1　傅里叶级数和离散傅里叶变换 ································· 2

    1.1.2　体验声音的变化 ·· 7

    1.1.3　小　结 ·· 15

  1.2　素数的可视化 ·· 15

    1.2.1　素数的定义 ·· 15

    1.2.2　用动画演示埃拉托斯特尼筛法 ···························· 15

    1.2.3　绘制素数螺旋 ··· 20

    1.2.4　绘制不同形状的素数螺旋 ································· 30

    1.2.5　小　结 ·· 32

    延伸阅读　欧拉素数生成多项式 ································· 32

  1.3　圆周率计算和可视化 ·· 33

    1.3.1　π 值应该取到小数点后多少位？ ························ 34

    1.3.2　高精度计算程序库——gmpy2 ························· 35

    1.3.3　π 值的传统计算方法 ····································· 38

    1.3.4　π 值的无穷级数算法 ····································· 47

    延伸阅读 1　梅钦类公式的推导 ······························· 52

    延伸阅读 2　高斯 – 勒让德算法 ······························· 54

第 2 章　RSA 加密算法和相关知识 ··· 55

　　2.1　计算最大公因数 ·· 55

　　　　2.1.1　RSA 加密方法简介 ··· 55

　　　　2.1.2　通过素因数分解求解最大公因数 ····························· 56

　　　　2.1.3　利用辗转相除法求解最大公因数 ····························· 60

　　　　2.1.4　辗转相除法的可视化 ··· 62

　　　　2.1.5　扩展的辗转相除法 ··· 69

　　　　延伸阅读 1　全体素数的生成函数 ································· 72

　　　　延伸阅读 2　由三角函数组成旋转矩阵 ····························· 73

　　　　延伸阅读 3　从程序的递归调用联想到数学归纳法 ··············· 73

　　2.2　用于互联网通信的公钥加密系统 ····························· 74

　　　　2.2.1　对称密钥加密技术——恺撒密码 ····························· 75

　　　　2.2.2　非对称密钥加密技术——RSA ································· 77

　　　　2.2.3　文本加密的实现 ··· 80

　　　　延伸阅读 1　密码学中常用的人名轶闻 ····························· 84

　　　　延伸阅读 2　RSA 加密算法解密结果正确性的证明 ··············· 84

　　2.3　RSA 加密的应用 ·· 86

　　　　2.3.1　图像加密 ··· 86

　　　　2.3.2　数字签名 ··· 95

　　　　延伸阅读 1　五边形 / 五角星背后的数学 ··························· 106

　　　　延伸阅读 2　哈希碰撞概率的计算 ································· 108

第 3 章　通过微分方程描述自然 ··· 109

　　3.1　种群规模随时间演化的模拟 ····························· 109

　　　　3.1.1　生态学的概念 ··· 109

3.1.2　种群规模建模的经典案例 ···································· 110

3.1.3　种群规模演化的 Lotka-Volterra 方程 ················· 116

3.1.4　求解 Lotka-Volterra 方程组 ····························· 121

3.1.5　数值模型正确性的相关讨论 ···························· 123

3.2　常见的自然现象和微分方程之间的联系 ··················· 125

3.2.1　解析解示例 1——物体的运动 ························· 126

3.2.2　解析解示例 2——电容器充电的过程 ················ 129

3.2.3　数值计算的应用——蛋白质立体结构的运算 ········ 132

3.2.4　数值计算求解微分方程的原理 ························· 134

3.2.5　欧拉法求解微分方程的实践 ···························· 136

延伸阅读　莱昂哈德·欧拉 ····································· 141

3.3　微分方程的各种数值解法 ································· 142

3.3.1　欧拉法的回顾和分析 ································ 142

3.3.2　休恩法（Heun 法） ································· 143

3.3.3　中点法 ··· 146

3.3.4　古典四阶龙格 – 库塔法 ····························· 149

3.3.5　4 种数值解法的对比 ······························ 153

延伸阅读　函数的泰勒展开与数值解法的阶数 ················· 153

3.4　微分方程的辛欧拉法 ····································· 154

3.4.1　单摆运动的精确方程 ································ 155

3.4.2　联立方程组的数值解法 ······························ 156

3.4.3　代码实现和运行结果 ································ 157

延伸阅读　什么是"辛"？ ····································· 167

第 4 章 航天中的物理 ·· 170

4.1 火箭升空背后的物理 ·· 170

4.2 火箭发动机的拉瓦尔喷管 ·· 175

4.2.1 拉瓦尔喷管的出口设计 ·································· 176

4.2.2 复杂方程的数值解法——牛顿迭代法 ·········· 178

4.3 万有引力和轨道运算 ·· 183

4.3.1 从万有引力定律到卫星运动方程 ·················· 184

4.3.2 卫星轨道的相关参数 ···································· 187

4.3.3 卫星运行轨迹的计算和可视化 ···················· 192

4.4 多普勒效应的可视化 ·· 202

4.4.1 多普勒效应的原理和数学描述 ···················· 203

4.4.2 多普勒频移的可视化 ···································· 205

4.4.3 电磁波的多普勒频移 ···································· 216

第 **1** 章

数学可视化

1.1 离散傅里叶变换和频域变换

  傅里叶分析是对声音、图像等计算机数据进行分析和处理的必备知识。本节我们通过合成声音、傅里叶分析和频谱处理等一系列操作，让读者对傅里叶分析的原理和应用有一个较为直观的理解。图 1.1 显示了音频数据合成和在频域

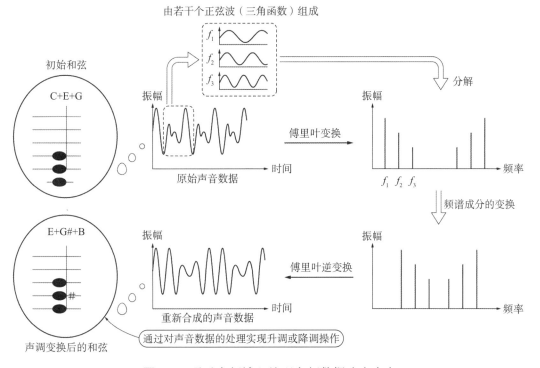

图 1.1 通过在频域上处理音频数据改变声音

进行声调变换前后，声音和频谱的展示及对比。本节后续内容将遵循这个流程进行实操。

表 1.1 中列出了文中使用的 Python 程序库。这些程序库被众多用户熟知并广泛使用。截至 2023 年 3 月，表 1.1 中的程序库均需要在 Python 3.8 或更高版本运行。建议读者用最新版本的 Python 搭建运行环境，运行本文中的代码。

表 1.1　本文使用的 Python 程序库

程序库名称	内　容	网　站
SymPy	数学公式的符号运算库	https://www.sympy.org/en/index.html
NumPy	高效的数值计算库	https://numpy.org/
Matplotlib	数据的图像绘制库	https://matplotlib.org/

1.1.1　傅里叶级数和离散傅里叶变换

如图 1.1 所示，一般的波动信号可以分解为不同周期的正弦波的总和。求解一个波动信号包含哪些不同周期的正弦波（三角函数）的技术，称为傅里叶分析。本小节介绍傅里叶级数展开和离散傅里叶变换的基础知识，不对数学原理做过多展开。

1. 傅里叶级数

简单地说，傅里叶级数是用三角函数之和逼近一个函数。设函数 $f(x)$ 的周期为 T，它的傅里叶级数表达式如下：

$$
\begin{aligned}
f(x) &= \frac{a_0}{2} + \sum_{n=1}^{\infty}\left(a_n\cos\frac{2\pi nx}{T} + b_n\sin\frac{2\pi nx}{T}\right) \\
a_n &= \frac{2}{T}\int_{-T/2}^{T/2} f(x)\cos\frac{2\pi nx}{T}\mathrm{d}x \\
b_n &= \frac{2}{T}\int_{-T/2}^{T/2} f(x)\sin\frac{2\pi nx}{T}\mathrm{d}x
\end{aligned}
\tag{1.1}
$$

式 (1.1) 中的系数 a_n 和 b_n 称为傅里叶系数。将 $f(x)$ 看作周期性声音信号，信号的最低频率，也就是基频，为 $1/T$。傅里叶级数中 sin 和 cos 函数的自变量里出现的 n/T 可以看作基频的 n 倍，简称为倍频。

即使 $f(x)$ 为非周期性函数，也可以对 $f(x)$ 在 $[-T/2, T/2]$ 上定义的函数值进行周期延拓，从而应用傅里叶级数展开。

接下来用一段程序完成以下内容：

① 使用 SymPy 求解任意函数的傅里叶级数展开。

② 验证函数 $f(x) = x$ 的傅里叶级数展开可表示为三角函数的和。

③ 验证近似水平随着傅里叶级数展开式中项数的增加而增加。

2. 代码实现

程序 1.1　使用 SymPy 求解任意函数的傅里叶级数展开

```
1  from sympy import *
2  # 定义用于表达式的变量符号
3  x = symbols('x')
4  # 定义用于傅里叶级数展开的函数 f(x) = x
5  f = x
6  # 求解傅里叶级数展开
7  s = fourier_series(f, (x, -pi, pi))
8  # 指定项数，求解级数展开的部分和
9  terms = (1, 5, 31)
10 ss = [s.truncate(n) for n in terms]
11 # 输出级数展开的表达式
12 for n, exp in zip(range(len(terms)), ss):
13     print(f'n = {terms[n]}时: ')
14     display(exp)
15 # 使用 sympy 的绘图函数 plot 绘制函数图形
16 p = plot(f, *ss, (x, -pi, pi), show = False, legend =
       True)
17 p[0].line_color = (0,0,0)
18 p[0].label = '$x$'
```

```
19  for i in range(len(terms)):
20      p[i+1].label = f'$n$ = {terms[i]}'
21  p.show()
```

　　程序 1.1 展示了傅里叶级数展开的实现程序，下面解释程序 1.1 中的关键步骤。

- 第 3 行

```
3  x = symbols('x')
```

　　定义建立表达式所需的符号（变量），如果需要定义多个变量，则用

```
a, x = symbols('a, x')
```

其中，`symbols()` 函数的参数以一组空格分隔的字符串组成，字符串数量等于函数返回的变量元组（tuple）的长度。

- 第 5 行

```
5  f = x
```

　　定义需要展开的函数。函数的形式为 $f(x) = x$ 时，在 Python 中记为 `f(x) = x`；其他函数形式，例如 $f(x) = a(x+1)^2$，在 Python 中记为 `f(x) = a*(x+1)**2`。

- 第 7 行

```
7  s = fourier_series(f, (x, -pi, pi))
```

　　使用 SymPy 提供的 `fourier_series()` 函数计算给定函数的傅里叶级数展开，有两个参数，一是被展开的函数，二是函数的自变量及其周期范围 `(x, -pi, pi)`，以 Python 元组的形式给出。代码中的 `pi` 为 SymPy 预先定义的圆周率 π 的符号。

• 第9、10行

```
9  terms = (1, 5, 31)
10 ss = [s.truncate(n) for n in terms]
```

用truncate()函数截断傅里叶级数展开的表达式，以求得给定项数的部分和。第10行的写法在Python中称为列表推导式（list comprehension），是一种为列表中各个元素赋值的简洁写法。

• 第12~14行

```
12 for n, exp in zip(range(len(terms)), ss):
13     print(f'n = {terms[n]}时:')
14     display(exp)
```

将上述部分和公式的具体形式打印出来。

• 第16~21行

```
16 p = plot(f, *ss, (x, -pi, pi), show = False, legend =
       True)
17 p[0].line_color = (0,0,0)
18 p[0].label = '$x$'
19 for i in range(len(terms)):
20     p[i+1].label = f'$n$ = {terms[i]}'
21 p.show()
```

使用SymPy的plot()函数绘制原来的函数以及每个部分和。plot()函数的参数中包含要绘制的函数、自变量范围以及其他一些绘图选项。其中，16行的*ss为Python中展开列表的写法，将列表ss中的元素展开，同前面的f一并作为参数传递给plot函数。

3. 运行结果

图1.2和图1.3展示了在Jupyter Notebook中运行程序1.1得到的结果。图1.2中，函数$y = x$的傅里叶展开式中只包含正弦函数。这是因为$y = x$是奇函

数，其图像关于原点对称，所以其傅里叶展开式中所有余弦函数的系数为0。

n=1时:

$$2\sin(x)$$

n=5时:

$$2\sin(x)-\sin(2x)+\frac{2\sin(3x)}{3}-\frac{\sin(4x)}{2}+\frac{2\sin(5x)}{5}$$

n=31时:

$$2\sin(x)-\sin(2x)+\frac{2\sin(3x)}{3}-\frac{\sin(4x)}{2}+\frac{2\sin(5x)}{5}-\frac{\sin(6x)}{3}+\frac{2\sin(7x)}{7}-\frac{\sin(8x)}{4}+\frac{2\sin(9x)}{9}-\frac{\sin(10x)}{5}$$

$$+\frac{2\sin(11x)}{11}-\frac{\sin(12x)}{6}+\frac{2\sin(13x)}{13}-\frac{\sin(14x)}{7}+\frac{2\sin(15x)}{15}-\frac{\sin(16x)}{8}+\frac{2\sin(17x)}{17}-\frac{\sin(18x)}{9}+\frac{2\sin(19x)}{19}$$

$$-\frac{\sin(20x)}{10}+\frac{2\sin(21x)}{21}-\frac{\sin(22x)}{11}+\frac{2\sin(23x)}{23}-\frac{\sin(24x)}{12}+\frac{2\sin(25x)}{25}-\frac{\sin(26x)}{13}+\frac{2\sin(27x)}{27}-\frac{\sin(28x)}{14}$$

$$+\frac{2\sin(29x)}{29}-\frac{\sin(30x)}{15}+\frac{2\sin(31x)}{31}$$

图 1.2　函数 $y=x$ 的傅里叶展开式截断到不同项数的结果

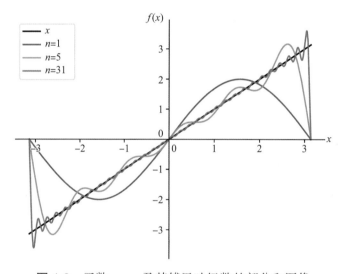

图 1.3　函数 $y=x$ 及其傅里叶级数的部分和图像

从图 1.3 可以看出，$n=1$ 时，傅里叶级数逼近原来的函数 $y=x$ 的程度甚微；n 增加到 31 时，除自变量范围的边缘 $x=\pm\pi$ 附近之外，其他部分已经很好地逼近了原来的函数。

利用式 (1.1)，容易求得函数 $f(x)=x$ 的傅里叶级数通项公式为

$$f(x)=2\sum_{n=1}^{\infty}\frac{(-1)^{n+1}}{n}\sin nx \tag{1.2}$$

SymPy 给出的表达式是完全展开的，不太容易整理成方便人们阅读的形式。不过对比式 (1.2) 和图 1.2，不难验证两者的一致性。

4. 离散傅里叶变换

用积分计算傅里叶级数的展开时，要求被展开的函数是连续变化的。然而，计算机处理的信号是按时间间隔采样的数据（离散数据），所以前文提到的傅里叶级数展开不适用于计算机处理。因此，在处理离散数据时，我们需要用到离散傅里叶变换，将离散时域信号变换到频域，其表达式如下：

$$F(n) = \sum_{k=0}^{N-1} x(k)e^{-\mathrm{i}\frac{2\pi kn}{N}} \quad (n = 0, 1, \cdots, N-1) \tag{1.3}$$

式 (1.3) 描述了将时域采样的 N 个离散数据 $x(k)$ 分解成 N 个频率分量 $F(n)$ 的操作。其中，自然对数底数 e 的指数部分出现了虚数，借助式 (1.4) 所示的欧拉公式可以将它理解为三角函数的组合：

$$e^{\mathrm{i}\theta} = \cos\theta + \mathrm{i}\sin\theta \tag{1.4}$$

相应地，离散傅里叶逆变换定义为将频率分量 $F(n)$ 还原为时域离散信号 $x(k)$ 的操作：

$$x(k) = \frac{1}{N} \sum_{n=0}^{N-1} F(n)e^{\mathrm{i}\frac{2\pi kn}{N}} \quad (k = 0, 1, \cdots, N-1) \tag{1.5}$$

1.1.2　体验声音的变化

1. 音阶和频率的关系

音乐中经常用到"十二平均律"，任意一个音符升高八度，其频率翻倍；将一个八度的音程分割成 12 个不同频率的音阶序列，相邻音阶相差一个半音，它们的频率之比相等。也就是说，这 12 个音阶构成一个公比为 $\sqrt[12]{2}$ 的等比数列。

利用这一点，在卡拉 OK 等场景中有升调和降调的操作。从频率的观点看，升或降 k 个半音音阶，相当于给原始的声音频率乘以或除以 $\left(\sqrt[12]{2}\right)^{k}$。

2. 频率分量的范围限制

图 1.4 显示了进行离散傅里叶变换时频率成分的关系。由离散傅里叶变换的原理可知，其频率分量 $F(n)$ 实际上是以采样频率 F_s 的一半，也就是奈奎斯特频率 $F_s/2$ 为中心呈镜像对称分布。亦即，将频率为 f_2 的分量频率扩大 c 倍，意味着将频率为 f_2 的分量变换到 cf_2 的同时，也将频率为 $F_s - f_2$ 的分量变换到 $F_s - cf_2$。另外，待变换的频率范围限制在 $F_s/2c$ 以内，确保与 c 相乘的结果不超过 $F_s/2$。

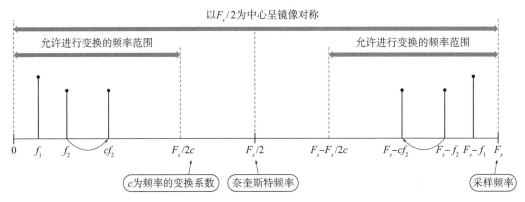

图 1.4 离散傅里叶变换的结果——沿 $F_s/2$ 镜像对称的频谱示意图

3. 代码实现

如果使用式 (1.3) 直接进行离散傅里叶变换，那么对于 N 个数据点，计算的时间复杂度为 N^2 量级，效率很低。而使用快速傅里叶变换（fast Fourier transform, FFT），可以将离散傅里叶变换的时间复杂度减少到 $N \log N$ 量级。本文使用的 NumPy 库中的 fft 模块就应用了快速傅里叶变换。

程序 1.2 展示了整个实验的代码。

程序 1.2 合成声音后，在频域进行频谱变换并绘制频谱图的代码

```
1  import numpy as np
2  import matplotlib.pyplot as plt
3
4  # 音阶的频率
```

```
 5  C4, D4, E4, F4, G4, A4, B4, C5 = (
 6      261.626, 293.665, 329.628, 349.228,
 7      391.995, 440.000, 493.883, 523.251)
 8
 9  # 定义要播放的声音，列表中的元素由同时鸣奏的音阶构成
10  notes = [C4, E4, G4]
11  # 合成声音的长度（秒）
12  notes_len = 3
13
14  ### 第一步: 波形合成
15  sampling_rate = 44100
16  n = np.array(notes).reshape(-1,1)
17  t = np.linspace(0.0, notes_len, sampling_rate *
        notes_len)
18  A = np.iinfo(np.int16).max / len(n)
19  x = A * np.sum(np.sin(2 * np.pi * n * t), axis = 0)
20
21  ### 第二步: 对合成声音进行快速傅里叶变换（FFT）
22  F = np.fft.fft(x)
23  # 计算列表中每个元素对应的频率
24  freq = np.fft.fftfreq(len(F), d = 1.0/sampling_rate)
25
26  ### 第三步: 在频域进行频谱变换
27  # 升调的阶数，1 阶等于一个半音，12 阶等于一个八度
28  k = 12
29  F2 = np.zeros(F.shape, F.dtype)
30  c = np.power(np.power(2, 1/12), k)
31  # 频谱变换
32  for i in range(1, int(len(F2) / 2 / c)):
```

```
33        F2[int(c*i)] += F[i]
34        F2[len(F2) - int(c*i)] += F[i]
35
36  ### 第四步：使用傅里叶逆变换生成变换后的音频数据
37  x2 = np.real(np.fft.ifft(F2))
38
39  ### 第五步：合成声音和原声的对比展示
40  import IPython.display
41  print('Original sound:')
42  IPython.display.display(IPython.display.Audio(x, rate =
        sampling_rate))
43  print('Pitched sound:')
44  IPython.display.display(IPython.display.Audio(x2, rate =
        sampling_rate))
45
46  # 频谱成分示意图
47  fig = plt.figure()
48  # 原始声音的频谱
49  ax1 = fig.add_subplot(2, 1, 1)
50  ax1.stem(freq, np.abs(F))
51  ax1.set_xlim(0, 1000)
52  ax1.set_xlabel('Frequency / Hz')
53  ax1.set_ylabel('Amplitude')
54  # 变换后声音的频谱
55  ax2 = fig.add_subplot(2, 1, 2)
56  ax2.stem(freq, np.abs(F2))
57  ax2.set_xlim(0, 1000)
58  ax2.set_xlabel('Frequency / Hz')
59  ax2.set_ylabel('Amplitude')
60  plt.show()
```

程序 1.2 分为以下 5 个步骤：

第一步，合成指定音阶的声音。

- 第 10 行

```
10 notes = [C4, E4, G4]
```

以要合成的声音频率为元素组成一个 Python 列表，本代码中指定了一个典型的 C 和弦（C/E/G）。

- 第 15~19 行

```
15 sampling_rate = 44100
16 n = np.array(notes).reshape(-1,1)
17 t = np.linspace(0.0, notes_len, sampling_rate *
       notes_len)
18 A = np.iinfo(np.int16).max / len(n)
19 x = A * np.sum(np.sin(2 * np.pi * n * t), axis = 0)
```

在第 12 行定义的时长（notes_len = 3，单位为秒）内合成音频数据。其中，第 19 行 sin() 函数的参数是要合成的声音，以行向量 $\boldsymbol{n} = (n_1, n_2, n_3)$ 表示。计算时，将其转置为列向量，与长度为 N 的时间序列 $\boldsymbol{t} = (t_0, t_1, \cdots, t_{N-1})$ 相乘得到

$$2\pi \begin{pmatrix} n_1 \\ n_2 \\ n_3 \end{pmatrix} (t_0 \quad t_1 \quad \cdots \quad t_{N-1}) = \begin{pmatrix} 2\pi n_1 t_0 & 2\pi n_1 t_1 & \cdots & 2\pi n_1 t_{N-1} \\ 2\pi n_2 t_0 & 2\pi n_2 t_1 & \cdots & 2\pi n_2 t_{N-1} \\ 2\pi n_3 t_0 & 2\pi n_3 t_1 & \cdots & 2\pi n_3 t_{N-1} \end{pmatrix} \tag{1.6}$$

与 Python 内置的 math 模块提供的 sin() 函数不同，NumPy 中的 sin() 函数具有批量运算能力，当函数的参数是一个矩阵（或向量）时，运算结果也是一个矩阵（或向量），其每个元素由原矩阵（或向量）的每个元素求正弦函数得到。然后，sum() 函数按照指定的轴向（行或列）求和。换句话说，代码的第 15~19 行计算的是以下内容：

$$\boldsymbol{x} = (x_0 \quad x_1 \quad \ldots \quad x_{N-1}), \quad x_k = A \sum_{n=1}^{3} \sin(2\pi n t_k) \tag{1.7}$$

其中，A 代表振幅；样本数 $N = LF_s$ 为每秒样本数（采样率 $F_s = 44100\text{Hz}$）和总时间（$L = 3\text{s}$）的乘积。

第二步，对合成的音频数据进行快速傅里叶变换，求得频谱。

- 第 22 行

```
22 F = np.fft.fft(x)
```

对第一步得到的音频数据进行离散傅里叶变换。求出的频谱中，每个数据点对应的频率由 $0 \sim F_s$ 的范围等分为 N 份，最小的频率是 $F_s / N = 1 / L$，因此，在采样率相同的情况下，更长时间的采样能够得到更高的频率分辨率。此外，频谱数组 F 中每一项对应的具体频率，在第 24 行由函数 `fftfreq()` 求解并赋给 `freq` 数组。

第三步，进行频谱变换。

- 第 28~34 行

```
28 k = 12
29 F2 = np.zeros(F.shape, F.dtype)
30 c = np.power(np.power(2, 1/12), k)
31 # 频谱变换
32 for i in range(1, int(len(F2) / 2 / c)):
33     F2[int(c*i)] += F[i]
34     F2[len(F2) - int(c*i)] += F[i]
```

根据第 28 行指定的 k 值对频谱 F 的元素进行变换。如前文所述，变换时考虑对称分布的频率分量，以及允许进行频率变换的范围。

第四步，通过傅里叶逆变换生成变换后的音频数据。

- 第 37 行

```
37  x2 = np.real(np.fft.ifft(F2))
```

这里进行离散的快速傅里叶逆变换（inverse fast Fourier transform, IFFT），将频谱还原为声音信号。由于离散傅里叶变换是在复数域中进行的，求逆变换的时候可能会得到虚部。音频数据不需要虚部，所以使用 np.read 函数提取出实部。

第五步，展示频谱。

- 第 40~44 行

```
40  import IPython.display
41  print('Original sound:')
42  IPython.display.display(IPython.display.Audio(x, rate =
        sampling_rate))
43  print('Pitched sound:')
44  IPython.display.display(IPython.display.Audio(x2, rate =
        sampling_rate))
```

利用 IPython.display 模块在 Jupyter Notebook 文档中嵌入音频。

- 第 47~60 行

```
47  fig = plt.figure()
48  # 原始声音的频谱
49  ax1 = fig.add_subplot(2, 1, 1)
50  ax1.stem(freq, np.abs(F))
51  ax1.set_xlim(0, 1000)
52  ax1.set_xlabel('Frequency / Hz')
53  ax1.set_ylabel('Amplitude')
54  # 变换后声音的频谱
55  ax2 = fig.add_subplot(2, 1, 2)
```

```
56  ax2.stem(freq, np.abs(F2))
57  ax2.set_xlim(0, 1000)
58  ax2.set_xlabel('Frequency / Hz')
59  ax2.set_ylabel('Amplitude')
60  plt.show()
```

利用 Matplotlib 库绘制频谱，此处使用了柱状图函数 stem() 进行绘制，适合对离散数据进行可视化。

4. 运行结果

图 1.5 显示了程序 1.2 的运行结果。可以在 Jupyter Notebook 的界面点击播放键，播放并比较原始的声音和经过频谱变换的声音。此外，观察每组频谱图像，可以看到原始声音中三个单音的频谱数据发生了两倍的偏移。

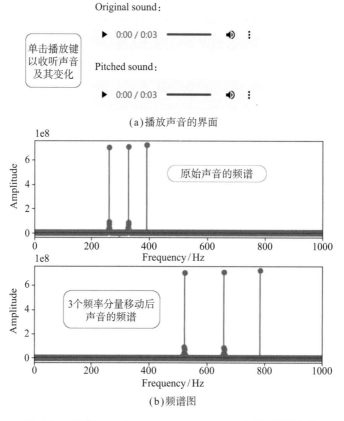

图 1.5　程序 1.2 在 Jupyter Notebook 中的运行结果

1.1.3　小　结

通过本次实验，直观地验证了以下两点：

① 周期性函数可以用一系列三角函数求和来逼近。

② 通过傅里叶变换分析和改变频谱，可以调整声音信号。

我们鼓励读者在以上代码的基础上进行改动和调试，并观察结果的变化，尝试一些有挑战性的编程。

1.2　素数的可视化

素数被广泛应用于理工学科的各个领域。虽然素数的定义十分明确，但素数性质的全貌至今也没有全部弄清。素数是无穷的，复杂又充满魅力。

本节将通过可视化手段一瞥素数的性质，同时也会讲解用到的编程技巧。

1.2.1　素数的定义

素数是不小于 2 的、除 1 和本身以外没有其他因数的正整数。除素数以外的（不小于 2 的）正整数称为合数。亦即，只有两个因数的正整数是素数，而有三个或更多因数的正整数是合数。

素数从小到大排列为 2，3，5，7，11，13，17，19，23，29……容易证明素数有无穷多个。能够生成所有素数的公式是存在的（详见第 2 章 2.1 节的延伸阅读 1），但是能在现实的时间里高效地、不重复且不遗漏地列举出所有素数的数学公式尚未被发现。

1.2.2　用动画演示埃拉托斯特尼筛法

1. 埃拉托斯特尼筛法

尽管没有（能用于现实计算的）生成素数的公式，但从全体正整数中筛选素数的方法是存在的，其中之一就是埃拉托斯特尼筛法，由古希腊数学家、天文学家、地理学家埃拉托斯特尼提出。

埃拉托斯特尼筛法从 $2 \sim N$ 的正整数范围中筛选素数，步骤如下所示。

① 给 $2 \sim N$ 的所有正整数做标记。

② 从有标记的数中选出最小的正整数，记为 n。

③ 去掉 $n^2 + kn(k = 0, 1, \cdots)$ 对应的标记。

④ 重复步骤 ② 和 ③，直到 n 不小于 $\sqrt{N}$。

⑤ 最后剩下的有标记的数都是素数。

2. 代码实现

程序 1.3 是用动画展示埃拉托斯特尼筛法筛选素数的实现代码。

程序 1.3　用动画展示埃拉托斯特尼筛法的程序

```
1  import numpy as np
2  import matplotlib.pyplot as plt
3  from matplotlib import animation, rc, colormaps
4  from IPython.display import HTML
5
6  # 问题的规模: 从n*n个正整数中筛选素数
7  n = 30
8  # 插图尺寸
9  figsize = (6.4, 6.4)
10
11 fig, ax = plt.subplots(figsize = figsize)
12 # 裁剪图像周围的留白
13 plt.subplots_adjust(left = 0, right = 1, bottom = 0, top
       = 1)
14 # 隐藏图像坐标轴的刻度
15 ax.axis("off")
16 ax.xaxis.set_major_locator(plt.NullLocator())
```

```
17  ax.yaxis.set_major_locator(plt.NullLocator())
18
19  # 在图像中绘制数字
20  ims = []
21  for i in range(n * n):
22      ax.text(i % n, i // n, i + 1, color = 'black', ha =
            'center', fontsize = "xx-small")
23
24  # 创建包含 n^2+1 个元素的队列
25  # 为方便起见，将 0 和 1 标记为合数，将不小于 2 的数标记为素数
26  p = np.ones((n * n + 1)) # 0 到 n*n
27  p[0:2] = 0
28  im = ax.imshow(p[1:].reshape([n, n]), animated = True,
        cmap = colormaps["Wistia"])
29  ims.append([im])
30  for i in range(2, int(n + 1)):
31      if p[i]:
32          # 如果取出的数值 x = p[i] 标记为素数，则标记 x^2+kx 为合数
33          p[i*i::i] = 0
34          im = ax.imshow(p[1:].reshape([n, n]), animated =
                True, cmap = colormaps["Wistia"])
35          ims.append([im])
36
37  # 创建动画
38  # interval: 动画绘制速度（单位为毫秒）
39  ani = animation.ArtistAnimation(fig, ims, interval =
        1000, blit = True)
40  rc('animation', html='jshtml')
41  plt.close()
```

```
42  # 播放动画
43  ani
```

下面解释程序 1.3 中的关键步骤。

- 第 21、22 行

```
21  for i in range(n * n):
22      ax.text(i % n, i // n, i + 1, color = 'black', ha =
            'center', fontsize = "xx-small")
```

动画以类似翻书的形式呈现，按顺序绘制若干张图像。每次执行埃拉托斯特尼筛法的步骤 ③ 时，将绘制的内容保存为图像数据。此处的代码绘制了每张图像的数字部分，将 $n \times n$ 个数字排列在图像区域内。

- 第 30~35 行

```
30  for i in range(2, int(n + 1)):
31      if p[i]:
32          # 如果取出的数值 x = p[i] 标记为素数，则标记 x^2+kx 为合数
33          p[i*i::i] = 0
34          im = ax.imshow(p[1:].reshape([n, n]), animated =
                True, cmap = colormaps["Wistia"])
35          ims.append([im])
```

这一部分代码是埃拉托斯特尼筛法的核心，即算法的步骤 ② 到步骤 ④。其中，第 33 行

```
33          p[i*i::i] = 0
```

用一行代码执行算法的步骤 ③，它的含义是将数组中从第 $i*i$ 个到数组末尾、间隔为 i 的元素赋 0。

3. 运行结果

图 1.6 展示了程序的运行结果，在操作界面上方的图像区域中用颜色表示筛法的结果，其中浅色区域（除 1 以外）代表合数，深色区域代表素数。

图 1.6　埃拉托斯特尼筛法的动画界面

图 1.6 的操作界面部分有一系列按钮，其中最中间的按钮用来切换动画的播放/暂停状态。按下播放按钮后，开始播放动画。随着筛法的进行，代表素数的红色区域逐渐减少。在按钮下方的单选框中，选中"Once"选项时仅播放一次动画，选中"Loop"选项时循环播放动画。

4. 素数在纵向集中排列的特性

观察最终的筛选结果，能看到大部分素数集中分布在特定的列。这很大程度上依赖绘制图像时数值的排列方式（图 1.6 设定为 30×30）。

例如，取图 1.6 中首行数字为 6 的一列，该列数值可表示为 $6 + 30k$。这个表达式可以分解成 $6(1 + 5k)$，因此，该列数字始终是 6 的倍数，也就是合数。同样地，我们列举出第一行所有和 30 有不小于 2 的公因数的正整数：

$$2, 3, 4, 5, 6, 8, 9, 10, 12, 14, 15, 16, 18, 20, 21, 22, 24, 25, 26, 27, 28, 30$$

不难看出，以这些数字开头的列，从第二行开始全都是合数。排除以这些数字开头的列之后，素数在剩余的列内集中分布的特性就很明显了。

读者不妨尝试修改程序 1.3 中第 7 行的 n，令图像的边长为素数。例如，当 $n = 23$，也就是图像的尺寸为 23×23 时，素数的分布形态就比较分散了（见图 1.7）。

1.2.3　绘制素数螺旋

1. 素数螺旋

接下来我们用另一种称为"素数螺旋"的方式绘制素数的分布。素数螺旋，指通过将素数在平面上排成螺旋状来对素数进行可视化的方法，又称乌拉姆螺旋，由波兰裔美国数学家斯塔尼斯拉夫·乌拉姆（Stanisław Ulam）发现而得名。

绘制素数螺旋的具体方法如图 1.8 所示，首先按照右→上→左→下的顺序将正整数以螺旋方式排列在网格上，然后在素数所在的位置画点。

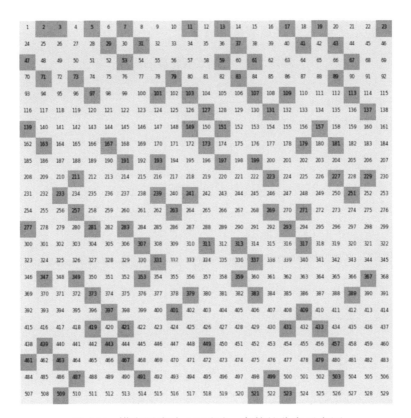

图 1.7　横向设定为 23 列时，素数的分布示意图

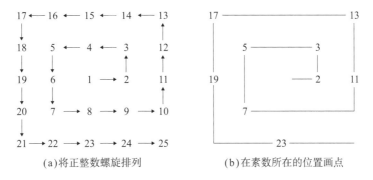

(a)将正整数螺旋排列　　　　(b)在素数所在的位置画点

图 1.8　素数螺旋可视化过程

2. 代码实现

程序 1.4 展示了绘制素数螺旋的程序。

程序 1.4　绘制素数螺旋的程序

```python
import numpy as np
import matplotlib.pyplot as plt

def sieve(m, n):
    """用埃拉托斯特尼筛法选择 m 和 n 之间的素数
    """
    p = np.ones((n + 1))
    p[0:2] = 0 # 0 和 1 除外
    for i in range(2, int(np.sqrt(n) + 1)):
        if p[i]:
            p[i*i::i] = 0
    # 求所有值为 1 的（亦即素数）元素的序号
    primes = np.where(p == 1)[0]
    # 选取不小于 m 的元素，转换为 Python 列表返回
    return list(primes[primes >= m])

def gen_plot(walk, n):
    """以 n 为初值，绘制螺旋图
    """
    direction = 0 # 当前的前进方向
    x, y, dx, dy = 0, 0, 1, 0 # 当前的坐标和步幅
    p = sieve(n, 1_000_000)
    k = 0
    pos = np.empty((0, 2))
    for step, rotate in walk:
        for _ in range(int(step)):
```

```
27                x, y = x + dx, y + dy
28                if k < len(p) and n == p[k]:
29                    pos = np.append(pos, [[x, y]], axis = 0)
30                    k += 1
31                n += 1
32          direction = (direction + rotate) % 360
33          dx = np.cos(direction * np.pi / 180)
34          dy = np.sin(direction * np.pi / 180)
35      return pos
36
37  # 初始化用于生成素数螺旋的 walk 数据
38  walk = [(n // 2 + 1, 90) for n in range(500)]
39  pos = gen_plot(walk, 1)
40
41  figsize = (12.8, 12.8)
42  fig, ax = plt.subplots(figsize = figsize)
43  plt.subplots_adjust(left = 0, right = 1, bottom = 0, top
        = 1)
44  ax.axis("off")
45  ax.xaxis.set_major_locator(plt.NullLocator())
46  ax.yaxis.set_major_locator(plt.NullLocator())
47  ax.plot(pos[:, 0], pos[:, 1], '.')
```

在程序 1.4 用到的数据结构中，首先将前进 n 步再旋转 $\theta°$ 的操作称为一次步进（advance），用 Python 元组 (n, θ) 表示（见图 1.9）。如果在一次步进中前进了若干步，则每一步在螺旋上放一个数字。

其次，将一系列的步进操作称为"步行"（walk），在 Python 中表示成以步进元组为元素构成的列表，形如 $[(n_1, \theta_1), (n_2, \theta_2), (n_3, \theta_3), \cdots]$。在素数螺旋中，旋转角度始终为 90°，因此，组成 walk 的步进元组列表为 $[(1, 90), (1, 90), (2, 90), (2, 90), (3, 90), (3, 90), \cdots]$（见图 1.10）。

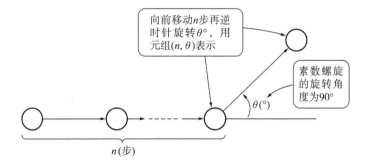

图 1.9　前进和旋转操作组合为一次步进（advance）

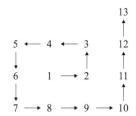

图 1.10　一系列步进操作按顺序排列形成 walk

下面解释程序 1.4 中的关键步骤。

- 第 4~15 行

```
4  def sieve(m, n):
5      """用埃拉托斯特尼筛法选择 m 和 n 之间的素数
6      """
7      p = np.ones((n + 1))
8      p[0:2] = 0 # 0 和 1 除外
9      for i in range(2, int(np.sqrt(n) + 1)):
10         if p[i]:
11             p[i*i::i] = 0
12     # 求所有值为 1 的（亦即素数）元素的序号
13     primes = np.where(p == 1)[0]
14     # 选取不小于 m 的元素，转换为 Python 列表返回
15     return list(primes[primes >= m])
```

利用 1.2.2 节介绍的埃拉托斯特尼筛法，求解 $m \sim n$ 范围内的素数序列。

- 第 17~35 行

```
17 def gen_plot(walk, n):
18     """以 n 为初值，绘制螺旋图
19     """
20     direction = 0 #  当前的前进方向
21     x, y, dx, dy = 0, 0, 1, 0 #  当前的坐标和步幅
22     p = sieve(n, 1_000_000)
23     k = 0
24     pos = np.empty((0, 2))
25     for step, rotate in walk:
26         for _ in range(int(step)):
27             x, y = x + dx, y + dy
28             if k < len(p) and n == p[k]:
29                 pos = np.append(pos, [[x, y]], axis = 0)
30                 k += 1
31             n += 1
32         direction = (direction + rotate) % 360
33         dx = np.cos(direction * np.pi / 180)
34         dy = np.sin(direction * np.pi / 180)
35     return pos
```

此处定义的函数 gen_plot() 根据给出的 walk 求出点的坐标，用以绘制图表。函数返回一个 N 行 2 列的队列（N 为图形的规模），形式为 $((x_1, y_1), (x_2, y_2), \cdots)$。

- 第 25~34 行

每次循环处理的内容包括当前的前进方向、当前位置（横坐标 x 和纵坐标 y）、步幅沿 x 方向的分量、步幅沿 y 方向的分量，以及当前位置对应的数值。

- 第 28~30 行

作为更新过程的一部分，如果当前位置对应的数值 n 为素数，则将该位置的坐标添加到用于绘图的 pos 列表中。

- 第 38、39 行

```
38 walk = [(n // 2 + 1, 90) for n in range(500)]
39 pos = gen_plot(walk, 1)
```

定义素数螺旋的 walk 列表，并作为参数传递给 gen_plot() 函数，生成用于绘图的坐标列表。

- 第 41~47 行

使用 Matplotlib 库处理并绘制图像。第 17 行 gen_plot() 函数求出一个 N 行 2 列的列表，从中取出 x 轴的所有元素，写作 pos[:,0]（第 47 行）。逗号前的冒号表示一行的所有元素，逗号后的 0 表示第 0 列元素（x 轴）。同理，y 轴的所有元素写作 pos[:,1]。

3. 运行结果

程序 1.4 的运行结果如图 1.11 所示。从图中可以看出，素数在螺旋中的分布整体上并不是完全随机的，有许多沿 45° 方向的线条结构。

4. 斜向排列的素数分布规律的数学表示

仔细观察图 1.11，素数沿 45° 方向形成的线条结构散落在各处。我们来分析一下这些素数如何用数学公式表达。

首先定义"层"的概念。以最开始的数字 1 为中心，像洋葱皮一样环绕的数值序列称为"层"。此时，令中心的数字 1 为第 0 层，向外依次为第 1 层至第 n 层。以图 1.8 为例，第 1 层包括数字 2~9，第 2 层包括数字 10~25。

接下来求 $1 \sim n$ 层包含的正整数的总数。如图 1.12 所示，每层的一条边由 $2n+1$ 个正整数构成，所以每层包含的正整数个数为 $4(2n+1)-4 = 8n$。从而，n 层正整数的总数 $S(n)$ 计算如下：

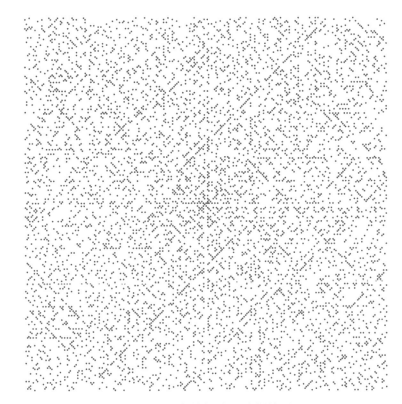

图 1.11　素数螺旋的绘制结果

$$S(n) = 1 + \sum_{k=1}^{n} 8k = 1 + 8 \times \frac{n(n+1)}{2} = 4n^2 + 4n + 1 = (2n+1)^2 \tag{1.8}$$

另外，由螺旋排布的方式不难看出，$S(n)$ 刚好和第 n 层右下角的数值相等。亦即，每层右下角的数是一个奇数的平方，也就是合数。实际上，回顾图 1.11 可以看到，从图像的中心出发到右下方，形成了一条没有素数分布的"白线"。

从图 1.12 可以看出，以螺旋排布数值时，第 n 层的第一个数值是 $S(n-1)+1$，第 n 层 4 个角落的数值如下：

① 右上：$4n^2 - 2n + 1$。

② 左上：$4n^2 + 1$。

③ 左下：$4n^2 + 2n + 1$。

④ 右下：$4n^2 + 4n + 1$。

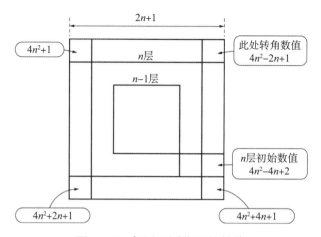

图 1.12　各层不同位置的数值

5. 密集分布的素数斜线的数学表示

图 1.11 中，中心以外的许多地方也分布着一些密集的斜线。囊括所有斜线的表达式创建起来非常复杂，我们退而求其次，加上一些限定条件再来考虑。

对于第 n 层第 m 个位置的数值，考虑位于第 $n+1$ 层相邻位置的数值，它在第 $n+1$ 层中的序号增加了 $2c+1$，也就是第 $m+2c+1$ 个，其中，c 为数到第 n 层第 m 个位置时转角的次数，如图 1.13 所示。

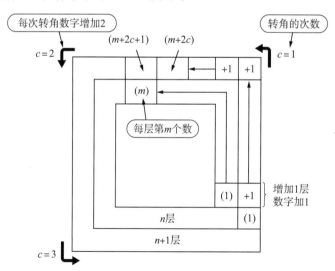

图 1.13　位于相邻两层的数值相差 $2c+1$

我们给定以下两个条件：

① 第 a 层第 m 个数值位于该层的上侧（$c = 1$）。

② 以该数值为起点，考虑沿右上方向延伸的斜线。

此时，这条斜线上位于第 n 层的点的表达式如下：

$$S(n-1) + m + 2c(n-a) = 4n^2 - 2n + m - 2a + 1 \tag{1.9}$$

将图 1.11 的一部分放大，如图 1.14 所示。图中，从原点的左上部分起，有一处素数沿斜线聚集分布的区域。分析后发现，该斜线是以 $a = 26$，$m = 92$ 对应的点为起点的一条射线。将参数代入式 (1.9)，得到多项式 $4n^2 - 2n + 41$。

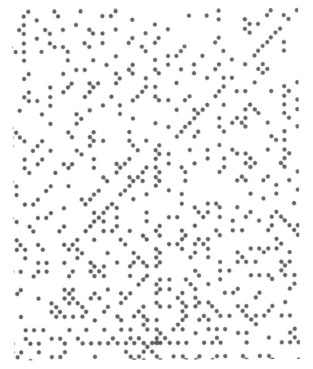

图 1.14　对图 1.11 局部放大的结果，显示素数密集分布的斜线结构

对刚才得到的多项式进行变量代换 $n = (1 - x)/2$，得到多项式 $x^2 - x + 41$，这个多项式就是著名的欧拉素数生成多项式。事实上，我们将 n 从 26 取到 40，代入原多项式，得到的整数序列如下：

$$2693, 2903, 3121, 3347, 3581, 3823, 4073, (4331), 4597, 4871, 5153, 5443,$$

$$5741, 6047, 6361$$

其中，用括号标注的整数是合数（$4331 = 61 \times 71$），其余整数全部是素数。本节末尾的延伸阅读部分将会详细介绍欧拉素数生成多项式。

1.2.4　绘制不同形状的素数螺旋

1. 正六边形素数螺旋

改变 walk 的构造方式，可以绘制出其他形状的素数螺旋。如图 1.15 所示，数值以正六边形无缝隙密排，此时将程序 1.4 中的第 38 行替换为程序 1.5 中的代码，即可绘制出图 1.16 所示的正六边形素数螺旋。

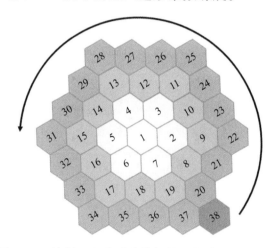

图 1.15　绘制正六边形素数螺旋时数值的排列方法

程序 1.5　绘制正六边形螺旋用到的 walk 设定

```
1 walk = [(1,150)]
2 for n in range(100):
3     walk.extend([(1, 60), (n-1, 60), (n, 60),
4         (n, 60), (n, 60), (n, 60), (n, 0)])
```

图 1.16　正六边形素数螺旋的绘制结果

图 1.16 显示，正六边形上半部出现了沿竖直方向密集排列的线条结构。具体公式不做推导，提示一点，沿用前文中"层"的概念，每层的正整数个数是 6 的倍数，推测线条结构可用 $3n^2 + an + b$ 形式的通项公式表示。

2. 正三角形素数螺旋

令 walk 中每一次步进的旋转角度固定为 120°，步幅用小数代替整数来表示，按照等差数列规律增长。此时，walk 由以下代码给出：

```
1  walk = [(1.01 * n, 120) for n in range(300)]
```

绘制结果如图 1.17 表示。在正三角形素数螺旋中也出现了许多线条结构。由于用小数代替整数表示步幅，这些线条结构的通项公式难以直接给出。

除此之外，用不同方式调整 walk 的设定，可能会有意想不到的模式出现。读者如果有新的发现，不妨试一试推导出数学公式，并探究它的含义，这会十分有意义。

图 1.17　正三角形素数螺旋的绘制结果

1.2.5　小　结

从素数螺旋现象能够看出，素数似乎在向我们传递某些信息。遗憾的是，至今我们也无法完全理解其中的含义。希望有一天，素数的所有秘密能够水落石出。

延伸阅读　欧拉素数生成多项式

在用埃拉托斯特尼筛法绘制素数螺旋的过程中，不妨将绘制的初始值设为 41（在程序 1.4 的第 39 行，将 gen_plot() 函数的第二个参数改为 41），生成的结果如图 1.18 所示。与图 1.11 相比，能看到更为明显的从原点出发、分别向右上方和左下方延伸的密集排列的线条结构。

我们可以沿用前文中每层右上角/左下角的通项公式，不过此时公式的常数项要换成 41。例如，左下角的通项公式为 $4n^2 + 2n + 41$。对此进行变量代换 $n = (x-1)/2$，我们又一次得到多项式 $x^2 - x + 41$。

这个公式就是由数学家欧拉发现的素数生成多项式，相比一般多项式能够生成更多素数。事实上，当 x 等于 41 或 42 时，多项式的值明显能被 41 整除，但当 x 从 0 取到 40 时多项式的值全部是素数。

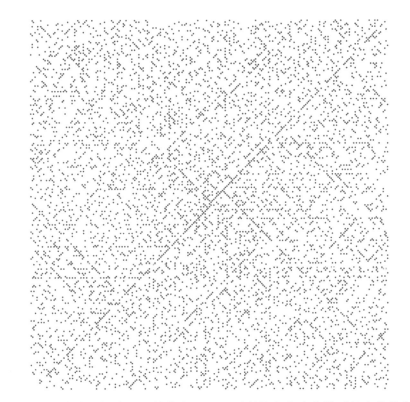

图 1.18　令素数螺旋的初始值为 41，显示斜线方向密集排列的素数分布

　　进一步的数学研究发现，形如 $x^2 - x + p$ 的多项式中，能够令多项式生成较多素数的 p 仅有 2, 3, 5, 11, 17, 41 这 6 个值。这个多项式的判别式（$1 - 4p$）的相反数 $4p - 1$ 相应取值为 7, 11, 19, 43, 67, 163，它们属于一个称为黑格纳数的整数系列，具有一些特殊的数论性质。

1.3　圆周率计算和可视化

　　圆周率 π 定义为圆的周长和直径之比。作为大家在数学学习过程中接触的首个无理数（不能表示成整数之比的实数），π 不仅在数学发展史上具有举足轻重的地位，在物理学和工程学等学科中也有着重要意义。π 值计算方法的改进，以及计算精度的提升，也是同数学和其他相关学科的发展相辅相成的。本节探讨一些经典的 π 值计算方法，并用 Python 实现。

1.3.1　π 值应该取到小数点后多少位?

在学习初等几何学并使用 π 值计算一些平面几何和立体几何对象，如圆、扇形、圆柱体、圆锥体等时，π 值常取小数点后两位，π ≈ 3.14。

在一些对精度要求稍高的场合，比如体育赛事的跑道距离或者建筑施工环境，会用到 π ≈ 3.1416 或者更高精度的 π 值。假设需要创建一个直径为 100.00 m 的圆，那么周长约为 314.16 m。如果能够将直径的误差控制在 1 cm 以内，π 值精度导致的误差也会被控制在厘米量级。

哪些场合可能用到更高精度的 π 值呢？科学爱好者向美国航天局（NASA）下属的位于加州理工学院的喷气推进实验室（jet propulsion laboratory，JPL）提出了这样的问题[①]："JPL 在运算中使用的 π 值是取 3.14 吗？还是取到更高的精度，比如小数点后 360 位？"

JPL 的首席工程师马克·雷曼（Marc Rayman）给出的答复是，JPL 在进行高精度轨道运算时，使用的 π 值取到小数点后 15 位，即 π ≈ 3.141592653589793。为了让大家理解这个精度的概念，马克·雷曼在回答中举了一些例子。

① 人类有史以来发射得最远的航天器——旅行者一号（Voyager I），截至 2023 年，已经到达距离地球 238 亿公里以外的位置。我们以这个数量级打个比方，设一个圆的半径为 240 亿公里，其周长约为 1507 亿公里，或 1.5×10^{14} 米。当 π 值取到小数点后 15 位时，π 值精度导致的圆周长误差大约在厘米量级。

② 再用地球来打个比方。地球的平均半径约为 6371 公里，以地心为中心、沿着地球表面的大圆周长约为 40000 公里。当 π 值取到小数点后 15 位时，π 值精度导致的圆周长误差大约在纳米量级，和原子、分子的大小相当。考虑到地球是赤道稍鼓、两极稍扁的椭球形，以及沿着地球表面的大圆还会遇到山地、丘陵、海洋等地形的起伏，相比于这些因素，π 值精度带来的误差可以忽略不计。

③ 最后用最极端的尺度来打个比方。能够被人类观测到的宇宙的尺度约为 460 亿光年，假设能以这个尺度作一个圆，那么当 π 值取到小数点后 37 位时，π 值精度导致的圆周长误差将在一个氢原子的尺度内。

---

① https://www.jpl.nasa.gov/edu/news/2016/3/16/how-many-decimals-of-pi-do-we-really-need/.

总而言之，在实际的科学和工程运算中，追求 π 值的高精度一般是不必要的，控制其他误差更关键一些。

当前，人们追求将 π 值计算到小数点后亿万位，有一部分是出自数学上的原因——在 π 值的十进制小数表示中寻找可能存在的与无理数有关的规律，比如各种连续数字的分布及其密度（概率）等。另外，使用指定算法计算 π 值也是衡量计算机性能的标志性测试方法之一。

1.3.2　高精度计算程序库——gmpy2

计算机技术中对浮点数格式的定义，很大程度上限制了计算的精度。比如，IEEE 754 标准的单精度浮点数（32bit）和双精度浮点数（64bit，Python 的浮点数精度）换算为十进制后，事实上只能保证 7~8 位和 15~16 位有效数字的精度。当我们想要计算高精度的 π 值时，就需要借助浮点数以外的数据结构。本节将介绍更强大的计算工具——gmpy2。

gmpy2 封装了一个用 C 语言编写的开源程序库，称为 GNU 高精度算术库（GNU multiple precision arithmetic library，GMP），可以通过 Python 代码使用这个库的功能。gmpy2 相比其前身 gmpy 增加了对高精度浮点数运算（multiple precision floating-point real，MPFR）功能的支持。

截至 2023 年，gmpy2 已经为 3.8 及以上版本的 Python 提供了各种操作系统和硬件平台（Windows/x86-64、Linux、macOS/x86-64、macOS/ARM64）下的预编译包。在这些平台，只需执行 pip 命令即可安装 gmpy2。

```
pip install gmpy2
```

使用 Anaconda 发行版的用户，也可以用 conda 命令安装 gmpy2。

```
conda install gmpy2
```

1. 准备工作

程序 1.6 主要做了两件事情，一是给出 π 的参考值，用来与其他方法得到的 π 值进行比较；二是定义一个用于比较的函数。

程序 1.6   π 值计算的准备工作

```
 1 import gmpy2 as gmp
 2 gmp.get_context().precision = 50000
 3
 4 # 比较相同位数的字符串
 5 def compare(a, b):
 6     n = 0
 7     while n < min(len(a), len(b)):
 8         if a[n] != b[n]:
 9             break
10         n += 1
11     return n
12
13 standard_pi = gmp.const_pi()
14 pi_str = str(standard_pi)[:14502]
```

下面解释程序 1.6 中的关键步骤。

- 第 2 行

```
 2 gmp.get_context().precision = 50000
```

将 gmpy2 程序库内部的二进制精度设为 50000，相当于十进制小数点后约 15000 位。

- 第 5~11 行

```
 5 def compare(a, b):
 6     n = 0
 7     while n < min(len(a), len(b)):
 8         if a[n] != b[n]:
 9             break
```

```
10          n += 1
11      return n
```

定义一个比较函数，实际使用时，将不同方法的计算结果转换为字符串进行比较，获取相同的前缀长度，去掉前缀中的整数部分和小数点，即为我们需要的 π 值的小数位数。

• 第 13、14 行

```
13 standard_pi = gmp.const_pi()
14 pi_str = str(standard_pi)[:14502]
```

使用 gmpy2 内置的高精度算法计算 π 值，取小数点后 14500 位（加上整数和小数点部分是 14502 位），作为参考值和其他计算方法给出的 π 值进行比较。本节末尾的延伸阅读部分将简要介绍 gmpy2 背后的 MPFR 库是如何计算 π 值的。

2. 比较 Python 内置的 π 值与 π 的参考值

Python 的 math 模块提供了常数 math.pi。程序 1.7 给出了将其与 standard_pi 进行比较的代码。

程序 1.7　比较 Python 内置的 π 值和高精度 π 值

```
1 import math
2 print(f"precision = {compare(pi_str, str(math.pi)) - 2}")
3 print(f"math.pi = {math.pi}")
```

输出结果为

```
precision = 15
math.pi = 3.141592653589793
```

可以看到，Python 内置的 π 值精度达到小数点后 15 位，符合双精度浮点数的预期。

1.3.3 π 值的传统计算方法

1. 割圆术

早在古希腊时期，阿基米德便通过计算圆内接 96 边形，给出了圆周率的近似值 $223/71 < \pi < 22/7$，换算成小数为 $3.140845 < \pi < 3.142857$。

三国时期我国数学家刘徽，在为《九章算术》作注时系统地阐述了割圆术的方法。借助算筹开平方根的技巧，刘徽割圆到正 1536 边形，给出了精度达到小数点后 4 位的结果 $\pi \approx 3.1416$。南北朝时期的数学家祖冲之通过割圆到正 12288 边形，给出了精度达到小数点后 7 位的结果 $3.1415926 < \pi < 3.1415927$。

现在，让我们通过程序来计算割圆术在不同迭代次数下达到的精度，并和一些历史上的纪录进行比较。

如图 1.19 所示，设圆的半径为 r，圆内接正 n 边形的一条边为线段 AB，边长为 M。从圆心 O 出发作半径 OC 垂直于 AB，垂足为 P。AC 为所求的圆内接正 $2n$ 边形的一条边，边长为 m。

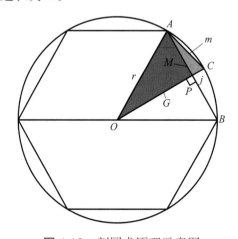

图 1.19　割圆术原理示意图

设 OP 长度为 G，在三角形 AOP 和三角形 ACP 内运用勾股定理可得

$$
\begin{aligned}
G &= \sqrt{r^2 - \left(\frac{M}{2}\right)^2} \\
m &= \sqrt{(r-G)^2 + \left(\frac{M}{2}\right)^2}
\end{aligned}
\tag{1.10}
$$

程序 1.8 从圆内接正六边形出发, 通过式 (1.10) 迭代计算 π 值, 并与 stan-dard_pi 进行比较。

程序 1.8 割圆术的实现代码

```
1  l = gmp.mpfr("1.0")
2  p = gmp.mpz(6)
3
4  for _ in range(64):
5      p = p * 2
6      m = l / 2
7      g - gmp.sqrt(1 - m ** 2)
8      l = gmp.sqrt((1 - g)**2 + m ** 2)
9      current_pi = p / 2 * l
10     print(f"{p}:")
11     print(f"  precision = {compare(pi_str,
            str(current_pi)) - 2}")
12     print("  " + str(current_pi)[:42])
```

程序 1.8 的部分输出结果如下:

```
12: precision = 1
3.1058285412302491481867860514885799401888
24: precision = 1
3.1326286132812381971617494694917362446497
48: precision = 1
3.1393502030468672071351468212084211891503
96: precision = 3
3.1410319508905096381113529264596601070364
192: precision = 3
3.1414524722854620754506093089612256452476
384: precision = 4
```

```
3.14155760791185764551646334512985954150431
768: precision = 4
3.14158389214831840866896960372115335052001
1536: precision = 5
3.14159046322805009573845850593095172355421
3072: precision = 6
3.14159210599927155054477664061011735312741
6144: precision = 6
3.14159251669215744759287408476883190596771
12288: precision = 7
3.14159261936538395518954931206531904222211
24576: precision = 7
3.14159264503369089667214150891923841272261
49152: precision = 8
3.14159265145076765170425364049221902044841
98304: precision = 9
3.14159265305503684169112318041547420225721
196608: precision = 9
3.14159265345610413926464315961507833135431
393216: precision = 10
3.14159265355637096366282331655411336427491
……
864691128455135232: precision = 34
3.14159265358979323846264338327950287728561
1729382256910270464: precision = 35
3.14159265358979323846264338327950288246921
```

通过高精度的开平方运算，给出的 π 值精度与各个历史阶段的结果相仿或稍好。

①正 96 边形：小数点后 3 位，考虑到误差，与古希腊数学家阿基米德和三

国时期数学家刘徽达到的小数点后 2 位相符。

②正 1536 边形：小数点后 5 位，考虑到误差，与三国时期数学家刘徽达到的小数点后 4 位相符。

③正 12288 边形：小数点后 7 位，与南北朝时期数学家祖冲之达到的精度相符。

④正 393216 边形：小数点后 10 位。法国数学家弗朗索瓦·韦达（François Viète）于 1579 年计算到正 393216 边形，给出了小数点后 9 位的精度。

⑤正 1729382256910270464 边形（3×2^{59}）：小数点后 35 位。德裔荷兰数学家鲁道夫·范·科伊伦（Ludolph van Ceulen）在 1596 年首先计算到小数点后 20 位，而后又计算到 35 位。后世将他求得的 π 值称为"鲁道夫数"，这个数也刻在了他的墓碑上，作为其一生的功绩。

2. 数值积分法

由于微积分的直观几何意义是曲线和坐标轴围成的图形面积，通过数值积分计算面积也是计算一些数值的常规方法。

在解析几何中，圆心位于坐标轴原点、半径为 1 的单位圆可表示为方程 $x^2 + y^2 = 1$。如图 1.20 所示，取单位圆在第一象限的部分，方程可改写为 $y = \sqrt{1 - x^2}\,(0 \leqslant x \leqslant 1)$。

已知单位圆在第一象限与坐标轴围成的扇形面积为 π/4，这个面积也可以用定积分表示：

$$\frac{\pi}{4} = \int_0^1 \sqrt{1 - x^2}\,\mathrm{d}x \tag{1.11}$$

那么，我们用数值积分的方法计算出式 (1.11) 的右边，就可以得到 π 值。如图 1.20 所示，将横轴的区间 [0,1] 等分为 N 份，分割出 N 个矩形，每个矩形的宽是 $1/N$，长是函数 $y = \sqrt{1 - x^2}$ 的值。式 (1.11) 右边的积分可用一系列矩形的面积趋近：

$$\frac{\pi}{4} = \lim_{N \to \infty} \sum_{k=0}^{N-1} \frac{1}{N} \sqrt{1 - \left(\frac{k}{N}\right)^2} = \lim_{N \to \infty} \frac{1}{N^2} \sum_{k=0}^{N-1} \sqrt{N^2 - k^2} \tag{1.12}$$

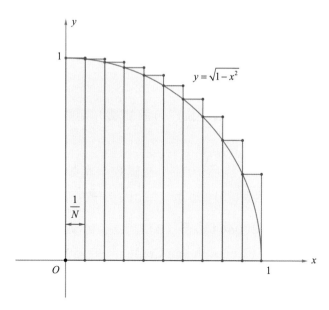

$$y = \sqrt{1 - x^2}$$

图 1.20 数值积分计算 π 值的原理

程序 1.9 给出了使用数值积分公式 (1.12) 计算 π 值的代码。

程序 1.9 使用数值积分方法（矩形法）计算 π 值的代码

```
1  def quadrature(N):
2      sum = gmp.mpfr('0.0')
3      for k in range(N):
4          sum += gmp.sqrt(gmp.mpfr(N) ** 2 - gmp.mpfr(k)**2)
5      return sum * 4 / (N ** 2)
6
7  quadra_pi = quadrature(100000)
8  print(f"precision = {compare(pi_str, str(quadra_pi)) -
       2}")
9  print(str(quadra_pi)[:12])
```

其结果为

```
precision = 3
3.1416126164
```

可以看到，数值积分是一个不太理想的计算 π 值的方法。我们用了 100000 次循环，只达到小数点后 3 位的精度。相比之下，程序 1.8 实现的割圆术只进行了约 60 次循环就达到了小数点后 35 位以上的精度。

对数值积分的改进方法之一是使用梯形法代替矩形法。如图 1.21 所示，用梯形面积代替矩形面积进行数值积分，可以在一定程度上消除函数斜率带来的误差。此时，计算 π 值的算法改为

$$\frac{\pi}{4} = \lim_{N\to\infty} \frac{1}{N^2} \sum_{k=0}^{N-1} \left[\sqrt{N^2-k^2} + \sqrt{N^2-(k+1)^2} \right] /2 \tag{1.13}$$

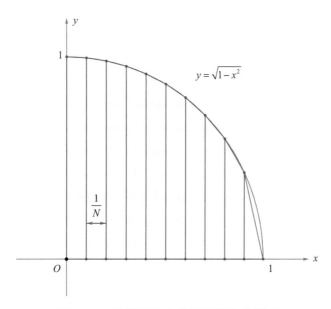

图 1.21　用梯形法改善数值积分的精度

程序 1.10 给出了使用梯形法计算 π 值的代码。

程序 1.10　使用数值积分方法（梯形法）计算 π 值的代码

```
1  def trapezoid(N):
2      sum = gmp.mpfr('0.0')
3      for k in range(N):
4          sum += (gmp.sqrt(gmp.mpfr(N)**2 -
               gmp.mpfr(k)**2)) / 2
```

```
5            sum += (gmp.sqrt(gmp.mpfr(N)**2 -
                     gmp.mpfr(k+1)**2)) / 2
6      return sum * 4 / (N ** 2)
7
8  trap_pi = trapezoid(100000)
9  print(f"precision = {compare(pi_str, str(trap_pi)) - 2}")
10 print(str(trap_pi)[:12])
```

其结果为

```
precision = 7
3.1415926164
```

结果表明，梯形法相比矩形法有比较大的改善，精度达到小数点后7位。但和矩形法一样，梯形法的计算时间之长令人难以忍受。甚至，以现在获得的结果来看，程序 1.9 和程序 1.10 中的赋值和运算可以不用 gmpy2 提供的函数，也能达到同样的精度。读者可以尝试将两个程序里的高精度浮点数替换为普通的 Python 浮点数，并用 `math.sqrt` 函数替换 `gmp.sqrt` 函数进行计算。

3. 蒙特卡洛法

基于随机数原理的蒙特卡洛法也是一种经典的数值计算方法。设想图 1.20 中第一象限的扇形外接一个边长为 1 的正方形，范围为 $0 \leqslant x \leqslant 1$，$0 \leqslant y \leqslant 1$。如果我们在这个正方形范围内均匀、随机地取一些点，那么点的位置落到扇形内的概率应该等于扇形和正方形的面积之比，即 $\pi/4$。设我们随机取 N 个点，其中有 n 个点落到扇形内，那么当 N 越来越大时，近似有 $n/N \approx \pi/4$。

程序 1.11 给出了蒙特卡洛法计算 π 值的代码。为了绘制图像，我们调用 Python 中著名的图像处理库 Pillow。Pillow 的前身是 PIL（Python imaging library）库，其 Python 包的名称沿用了原名 PIL。此处我们从 PIL 包中导入 Image 和 ImageDraw 模块。

程序 1.11 使用蒙特卡洛法计算 π 值的代码

```
1  import random
2  from PIL import Image, ImageDraw
3  import IPython
4
5  # 蒙特卡洛法求解圆周率
6  def MonteCarlo(N, img):
7      # 将点的几何坐标换算到绘图坐标
8      def _t(x, y, w, h):
9          return x * w * 0.8 + w * 0.1, h * 0.9 - y * h * 0.8
10
11     d = ImageDraw.Draw(img)
12     w, h = img.width, img.height
13     n = 0
14     for i in range(N):
15         #
16         x = random.uniform(0, 1)
17         y = random.uniform(0, 1)
18
19         if x ** 2 + y ** 2 <= 1:
20             n += 1
21             color = 'blue'
22         else:
23             color = 'lightgreen'
24         d.point(_t(x, y, w, h), fill = color)
25     return n, n / N * 4
26
27  # 蒙特卡洛法的随机点数
28  N = 100000
29
```

```
30  # 绘图大小
31  width, height = (800, 800)
32  img = Image.new("RGB", (width, height), 'white')
33
34  # 运行和输出圆周率结果
35  n, m_pi = MonteCarlo(N, img)
36  print(f"N = {N}, n = {n}, pi = {m_pi}")
37
38  # 绘图
39  d = ImageDraw.Draw(img)
40  d.arc(
41      (-width * 0.7, height * 0.1, width * 0.9, height *
            1.7),
42      start = 270, end = 0, width = 3, fill = "red"
43  )
44  d.line(
45      (0, height * 0.9, width, height * 0.9),
46      fill = "black", width = 3
47  )
48  d.line(
49      (width * 0.1, 0, width * 0.1, height),
50      fill = "black", width = 3
51  )
52  IPython.display.display(img)
```

由于抽样的随机性，程序 1.11 的运行结果每次会有所不同，例如，某次运行的结果可能是

```
N = 100000, n = 78742, pi = 3.14968
```

对应的图像如图 1.22 所示，其中，落在扇形内部和外部的点分别用蓝色和绿色绘制。

和数值积分类似，蒙特卡洛法是一个原理上正确，但运行效率和精度都比较低的算法。它适合求解一些没有解析解的数值模拟问题，不太能胜任 π 值的求解。

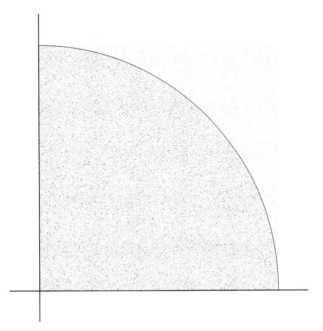

图 1.22 蒙特卡洛法的结果图示

1.3.4 π 值的无穷级数算法

π 值计算精度的快速突破是从 17 世纪中后期开始的。苏格兰数学家詹姆斯·格雷戈里（James Gregory）和德国数学家戈特弗里德·威廉·莱布尼茨（Gottfried Wilhelm Leibniz）分别在 1671 年和 1673 年独立发现了反正切函数 arctan x 的无穷级数公式：

$$\arctan x = x - \frac{x^3}{3} + \frac{x^5}{5} - \frac{x^7}{7} = \sum_{k=0}^{\infty} \frac{(-1)^k x^{2k+1}}{2k+1} \tag{1.14}$$

代入 x = 1，结果为

$$\frac{\pi}{4} = 1 - \frac{1}{3} + \frac{1}{5} - \frac{1}{7} = \sum_{k=0}^{\infty} \frac{(-1)^k}{2k+1} \tag{1.15}$$

计算结果表明，式 (1.15) 表示的级数收敛速度较慢，数学家们转而尝试其他改良算法。

1. 梅钦公式

1706 年，约翰·梅钦（John Machin）找到了一个收敛较快的 π 的反正切函数表达式：

$$\frac{\pi}{4} = 4 \arctan \frac{1}{5} - \arctan \frac{1}{239} \tag{1.16}$$

梅钦借助这个表达式和反正切函数的级数展开，将 π 的精度提高到小数点后 100 位。人类第一台电子计算机——ENIAC，在 1949 年借助梅钦公式将 π 值计算到小数点后 2307 位，计算时间达 70 小时。本节末尾的延伸阅读部分将借助复数推导出梅钦公式，以及类似结构的公式。

接下来使用 Python 代码实现梅钦公式。将反正切函数写作级数展开的形式，得到

$$\pi \approx 16 \sum_{k=1}^{N} \frac{(-1)^k}{2k+1} \left(\frac{1}{5}\right)^{2k+1} - 4 \sum_{k=1}^{n} \frac{(-1)^k}{2k+1} \left(\frac{1}{239}\right)^{2k+1} \tag{1.17}$$

我们适当选取 N 和 n，以使得式 (1.17) 右边两个级数的收敛程度相当：

$$5^{2N+1} = 239^{2n+1} \tag{1.18}$$

因此有 $2N + 1 = \ln 239 / \ln 5 \times (2n + 1) \approx 3.4(2n + 1)$，或 $N \approx 3.4n + 1.2$。为了计算方便，我们取 $N = 3n + 2$。

程序 1.12 给出了使用梅钦公式计算 π 值的代码。

程序 1.12　使用梅钦公式计算 π 值的代码

```
1  # arctan(x/y) 的级数展开
2  def arctan_manual(x, y, n):
3      t = gmp.mpfr(x) / gmp.mpfr(y)
4      sgn = 1
5      tk = t
```

```
 6      coeff = gmp.mpz(1)
 7      sum = gmp.mpfr('0')
 8      for k in range(n):
 9          sum += sgn / coeff * tk
10          sgn *= -1
11          coeff = coeff + 2
12          tk = tk * t * t
13      return sum
14
15  # 梅钦公式
16  def Machin(N):
17      return (
18          16*arctan_manual(1, 5, 3 * N + 2)
19          - 4 * arctan_manual(1, 239, N)
20      )
21
22  for N in (1, 10, 100, 1000):
23      machin_pi = Machin(N)
24      print(f"N = {N}, precision = {compare(pi_str,
            str(machin_pi)) - 2}")
```

其输出结果为

```
N = 1, precision = 6
N = 10, precision = 45
N = 100, precision = 424
N = 1000, precision = 4197
```

结果表明，$N = 1$ 时，程序 1.12 就能将 π 值计算到小数点后 6 位。此时，式 (1.17) 中的两个级数分别展开到第 5 项和第 1 项，的确是一个收敛很快的算法。作为比较，读者可以尝试改用式 (1.15) 的级数展开编写程序进行计算，会发现即使将级数展开到 10000 项，也只能达到小数点后 3 位的精度。

我们还可以用 **gmpy2** 自带的反正切函数 atan2 验证梅钦公式：

```
1 gmfr_pi = 4 * gmp.atan2(1,1)
2 gmfr_pi_2 = 16 * gmp.atan2(1,5) - 4 * gmp.atan2(1,239)
3 print("4*arctan(1):")
4 print(f"precision = {compare(pi_str, str(gmfr_pi)) - 2}")
5 print("16*arctan(1/5)-4*arctan(1/239):")
6 print(f"precision = {compare(pi_str, str(gmfr_pi_2)) -
      2}")
```

两种方法均达到 standard_pi 的精度 14500，这是因为 gmpy2 的反正切函数本身依赖由 const_pi 函数计算得到的 π 值。

2. 楚德诺夫斯基算法

进入电子计算机时代，计算 π 值的能力大大增强的同时，π 值的计算方法也随着数学的发展发生了很大改变。关键人物是印度数学家斯里尼瓦瑟·拉马努金（Srinivasa Ramanujan），他找到了一些令人叹为观止的无穷级数，其中之一是

$$\frac{1}{\pi} = \frac{2\sqrt{2}}{99^2} \sum_{k=0}^{\infty} \frac{(4k)!(1103 + 26390k)}{k!^4(396^{4k})} \tag{1.19}$$

1987 年，楚德诺夫斯基兄弟（David Chudnovsky, Gregory Chudnovsky）在拉马努金的工作基础上给出了以下无穷级数，后人称之为楚德诺夫斯基算法：

$$\frac{1}{\pi} = 12 \sum_{k=0}^{\infty} \frac{(-1)^k(6k)!(13591409 + 545140134k)}{(3k)!(k!)^3 640320^{3k+3/2}} \tag{1.20}$$

借助这个级数，楚德诺夫斯基兄弟在 1989 年利用 IBM3090 大型计算机将 π 值的精度提高到小数点后 5 亿位。这个算法也成为刷新 π 值纪录所使用的主要算法。截至本书编写时，π 值的纪录在 2022 年 3 月 21 日创下，达到 100 万亿位（10^{14} 位）[①]。计算过程基于楚德诺夫斯基算法，在 Google Cloud 云服务器上进行，耗时 158 天。

---

① http://numberworld.org/y-cruncher/news/2022.html#2022_6_8.

程序 1.13 给出了楚德诺夫斯基算法的实现代码，其中使用迭代的方法避免非常耗时的阶乘运算：

① Ak 代表 640320^{3k} 项。

② Bk 代表 $(13591409 + 545140134k)$ 项。

③ fac 代表分子和分母的阶乘 $(6k)!/(3k)!(k!)^3$ 项。

程序 1.13 楚德诺夫斯基算法的实现代码

```
1  def Chudnovsky(N):
2      A = gmp.mpz(640320) ** 3
3      B = gmp.mpz(13591409)
4      C = gmp.mpz(545140134)
5      sgn = 1
6
7      # 迭代使用的初始值
8      fac = gmp.mpfr(1.0)
9      Ak = gmp.mpfr(1.0)
10     Bk = B
11     pi_inv = gmp.mpfr('0')
12
13     # 迭代步骤
14     for k in range(N):
15         pi_inv += sgn * fac * Bk / Ak
16         Ak = Ak * A
17         Bk = Bk + C
18         fac = fac * (12 * k + 2) * (12 * k + 6) * (12 * k
                 + 10) / ((k+1) ** 3)
19         sgn *= -1
20     pi_inv = 12 / (gmp.sqrt(A)) * pi_inv
21     pi = 1 / pi_inv
```

```
22        return pi
23
24   for N in (1, 10, 100, 1000):
25        chud_pi = Chudnovsky(N)
26        print(f"N = {N}, precision = {compare(pi_str,
              str(chud_pi))-2}")
```

其输出结果为

```
N = 1, precision = 13
N = 10, precision = 141
N = 100, precision = 1418
N = 1000, precision = 14181
```

结果表明，算法循环 1 次就能达到小数点后 13 位的精度，可直接计算得到

$$\frac{\sqrt{640320^3}}{12 \times 13591409} \approx 3.1415926535897345 \tag{1.21}$$

算法循环 1000 次以后，精度已经接近我们预设的二进制精度 50000 位，或十进制精度约 15000 位了。

延伸阅读 1　梅钦类公式的推导

我们用两种方法解释梅钦公式。一是借助三角函数，回忆我们在高中学习过的正切函数和角公式：

$$\tan(\alpha \pm \beta) = \frac{\tan \alpha \pm \tan \beta}{1 \mp \tan \alpha \tan \beta} \tag{1.22}$$

假设 $-\pi/2 < \alpha + \beta < \pi/2$，令 $a = \tan \alpha$，$b = \tan \beta$，有

$$\arctan a \pm \arctan b = \arctan \frac{a \pm b}{1 \mp ab} \tag{1.23}$$

以 1/5 作为起点计算：

$$2\arctan\frac{1}{5} = \arctan\left(\frac{2/5}{1-1/25}\right) = \arctan\frac{5}{12} \tag{1.24}$$

$$4\arctan\frac{1}{5} = \arctan\left(\frac{10/12}{1-25/144}\right) = \arctan\frac{120}{119} \tag{1.25}$$

$$4\arctan\frac{1}{5} - \frac{\pi}{4} = \arctan\left(\frac{120}{119}\right) - \arctan 1 = \arctan\left(\frac{120/119-1}{1+120/119}\right)$$
$$= \arctan\left(\frac{1}{239}\right) \tag{1.26}$$

二是借助复数推导更一般的梅钦类公式：

$$m\arctan\frac{1}{x} + n\arctan\frac{1}{y} = k\cdot\frac{\pi}{4} \tag{1.27}$$

复数 $z = a + bi = r(\cos\theta + i\sin\theta)$，为简化起见，假设 a 和 b 大于 0，复数 z 的坐标位于复平面的第一象限，其辐角 $\theta = \arg z = \arctan b/a \in (0, \pi/2)$。考虑到复数相乘时辐角相加，于是式 (1.27) 相当于

$$\arg(x+i)^m(y+i)^n = \arg(1+i)^k \tag{1.28}$$

再考虑到两个辐角相等的复数成正比，有

$$(x+i)^m(y+i)^n = s(1+i)^k \tag{1.29}$$

对式 (1.29) 两边取模并平方，有

$$(x^2+1)^m(y^2+1)^n = 2^k\cdot s^2 \tag{1.30}$$

方程 (1.30) 右边的 s 可以是任意实数，不过可以通过限定 s 为有理数，尝试求出 x，y，m 和 n 的整数解。注意，满足方程 (1.30) 的解不一定满足方程 (1.29)。

有人证明了[①]，满足方程 (1.27) 的整数解实际上只有以下 4 个：

① $x = 2, m = 1, y = 3, n = 1$，即 $\pi/4 = \arctan 1/2 + \arctan 1/3$。

① Störmer C. Solution complète en nombres entiers de l'équation $m\arctan 1/x + n\arctan 1/y = k\pi/4$ [J]. Bulletin de la Société Mathématique de France, 2989, 77: 160–170.

② $x = 2, m = 2, y = 7, n = -1$，即 $\pi/4 = 2\arctan 1/2 - \arctan 1/7$。

③ $x = 3, m = 2, y = 7, n = 1$，即 $\pi/4 = 2\arctan 1/3 + \arctan 1/7$。

④ $x = 5, m = 4, y = 239, n = -1$，即 $\pi/4 = 4\arctan 1/5 - \arctan 1/239$。

延伸阅读 2　高斯–勒让德算法

除楚德诺夫斯基算法之外，高斯-勒让德算法也是一种常用的计算 π 值的方法，它在约翰·卡尔·弗里德里希·高斯（Johann Carl Friedrich Gauss）和阿德利昂·玛利·埃·勒让德（Adrien-Marie Legendre）关于算术-几何平均数的相关研究基础上建立。它又被称为布伦特-萨拉明算法，由理查德·布伦特（Richard Brent）和尤金·萨拉明（Eugene Salamin）各自于 1975 年独立建立。本节使用的 gmpy2 库背后的 MPFR 功能就是使用这个算法计算高精度的 π 值。

算数-几何平均数表示为两个相互耦合的数列共同的极限。设数列 $\{a_n\}$ 和 $\{b_n\}$ 的递推公式为 $a_{n+1} = (a_n + b_n)/2$，$b_{n+1} = \sqrt{a_n b_n}$，则两个数列的极限相等，称为初始值 a_0 和 b_0 的算数-几何平均值。

高斯-勒让德算法的步骤如下：

① 设置初始值 $a_0 = 1$，$b_0 = \sqrt{2}$，$t_0 = 1/4$，$p_0 = 1$。

② 使用式 (1.31) 进行迭代计算。

$$
\begin{cases}
a_{n+1} = (a_n + b_n)/2 \\
b_{n+1} = \sqrt{a_n b_n} \\
t_{n+1} = t_n - p_n(a_n - a_{n+1})^2 \\
p_{n+1} = 2p_n
\end{cases}
\tag{1.31}
$$

③ 当 a_n 和 b_n 的差值满足精度要求时，根据式 (1.32) 得到 π 的高精度近似值。

$$
\pi \approx (a_n^2 + b_n^2)/4t_n
\tag{1.32}
$$

第**2**章

RSA加密算法和相关知识

2.1　计算最大公因数

作为了解RSA加密的前置知识，本节将深入研究以下内容：

①素因数分解及其辗转相除法实现。

②辗转相除法的可视化。

③扩展的辗转相除法。

2.1.1　RSA加密方法简介

密码学知识对于确保互联网安全必不可少。为了防止第三方窃听通信导致数据泄露，通信数据需要使用难以破解的方式进行加密。本章介绍的RSA加密方法，在日常生活中的使用场景之一是HTTPS加密通信，用以提升互联网访问过程中的安全性。HTTPS通信过程中，服务器和客户端之间通过共享密钥加密双方的通信，而RSA参与了共享密钥的安全传递过程。RSA加密的另一个重要应用场景是数字签名，用于证明用户个人身份、服务器身份、文档和软件的完整性等未被篡改。

RSA加密是一种使用两种类型的密钥（公钥和私钥）对数据进行加密的方法。在密码学中"难以破解的方式"有很多，RSA加密是其中之一。它基于大整数的素因数分解问题在现实时间内难以解决的性质，确保破解的难度。

2.1.2　通过素因数分解求解最大公因数

1. 素因数分解

素因数分解将正整数表示为一系列素数的乘积，对于给定的不小于 2 的正整数，有且只有一种素因数分解方案。例如，笔者于 2022 年开始计划编写本书。2022 可表示成 $2 \times 3 \times 337$，没有其他素因数分解形式。如果一个正整数是素数，那么它的素因数分解等于本身。从 2022 年开始，下一个素数年份是 2027 年。

2. 求解最大公因数

最大公因数的定义是"能够整除两个或多个正整数的最大正整数"。我们先利用素因数分解的方法来求解最大公因数。

① 找到已知的两个或多个正整数包含的公共素因数。

② 选取每个公共素因数在各个正整数中的指数的最小值。

③ 将所有公共素因数按照 ② 中得到的最小指数求幂，然后相乘得到所求的最大公因数。

我们以正整数 168 和 180 为例。首先进行素因数分解，得到 $168 = 2^3 \times 3 \times 7$，$180 = 2^2 \times 3^2 \times 5$。这两个正整数的公共素因数是 2 和 3，对应的最小指数分别是 2 和 1。因此，168 和 180 的最大公因数是 $2^2 \times 3 = 12$。

3. 代码实现

程序 2.1 给出了用 Python 实现以上方法的代码。

程序 2.1　通过素因数分解求解最大公因数的代码

```
1 import numpy as np
2 import math
3
4 # 求解 m 到 n 之间的素数列表
5 def sieve(m, n):
6     p = np.ones((n + 1))
```

```
7        p[0:2] = 0 # 排除 0 和 1
8        for i in range(2, int(np.sqrt(n) + 1)):
9            if p[i]:
10               p[i*i::i] = 0
11       primes = np.where(p == 1)[0]
12       return list(primes[primes >= m])
13
14   # 求解素因数分解
15   def factorize(a):
16       primes = sieve(2, int(math.sqrt(a)))
17       # 以字典的形式组织分解得到的素因数
18       factors = dict()
19       # 从素数列表中的最小素数开始，逐次尝试分解
20       for p in primes:
21           if a % p == 0:
22               n = 0
23               while a % p == 0:
24                   n += 1
25                   a /= p
26               factors[p] = n
27       return factors
28
29   # 通过素因数分解求解最大公因数问题
30   def gcd1(a, b):
31       fa = factorize(a)
32       fb = factorize(b)
33       d = 1
34       # 从 a 的分解结果中逐个提取素因数及其指数
35       for p, i in fa.items():
```

```
36              if fb.get(p) is not None:
37                  # 如果p是a和b的公共素因数，则取两个指数中的最小值
38                  d *= p ** min(i, fb[p])
39      return d
40
41 print(gcd1(168, 180))
```

下面解释程序 2.1 中的关键步骤。

• 第 5~12 行

```
5 def sieve(m, n):
6     p = np.ones((n + 1))
7     p[0:2] = 0 # 排除0和1
8     for i in range(2, int(np.sqrt(n) + 1)):
9         if p[i]:
10            p[i*i::i] = 0
11     primes = np.where(p == 1)[0]
12     return list(primes[primes >= m])
```

为了进行素因数分解，需要定义一个求解素数列表的函数。此处使用埃拉托斯特尼筛法计算，详见 1.2 节。

• 第 15~27 行

```
15 def factorize(a):
16     primes = sieve(2, int(math.sqrt(a)))
17     # 以字典的形式组织分解得到的素因数
18     factors = dict()
19     # 从素数列表中的最小素数开始，逐次尝试分解
20     for p in primes:
21         if a % p == 0:
22             n = 0
```

```
23            while a % p == 0:
24                n += 1
25                a /= p
26            factors[p] = n
27    return factors
```

factorize() 函数用来求解给定正整数 a 的素因数分解，其中，第 16 行对给定正整数 a 进行素因数分解时，需要的素数最大不超过 $\sqrt{a}$。函数 sieve() 用来求解 $2 \sim \sqrt{a}$ 范围内的素数列表。

对第 16 行求得的素数列表 primes 中的每个素数 p，用 p 试除给定的正整数 a。如果 a 能被 p 整除，则继续试除，直到不能整除为止，并记录整除的次数 n。

对于每个能整除 a 的素数 p，其整除的次数 n 即为素数 p 对应的指数。将 p 和 n 的关系以 Python 字典的形式存储，具体来说，代码的第 26 行向字典 factors 添加键值对 $\{p : n\}$。

第 27 行将素因数分解的结果以 Python 字典的形式返回。例如，当 $a = 168$ 时，函数返回的字典为 {2: 3, 3: 1, 7: 1}。

• 第 30~39 行

```
30 def gcd1(a, b):
31     fa = factorize(a)
32     fb = factorize(b)
33     d = 1
34     # 从 a 的分解结果中逐个提取素因数及其指数
35     for p, i in fa.items():
36         if fb.get(p) is not None:
37             # 如果 p 是 a 和 b 的公共素因数，则取两个指数中的最小值
38             d *= p ** min(i, fb[p])
39     return d
```

将两个正整数 a 和 b 作为参数赋给函数 gcd1()，通过素因数分解的方式求解它们的最大公因数。其中，第 31 行和第 32 行分别求得 a 和 b 的素因数分解结果 fa 和 fb。另外定义一个存储公因数的变量 d，并将其初始值设为 1。

在第 35~38 行中，对于 a 的素因数分解结果中的每个素因数，在 b 的素因数分解结果中查找，如果有相同的素因数，则比较该素因数在 a 和 b 中的指数，取最小的指数进行幂运算，将结果合并到正整数 d 中。最后，d 就是所求的 a 和 b 的最大公因数。

- 第 41 行

```
41  print(gcd1(168, 180))
```

作为测试用例，我们在此对 168 和 180 的最大公因数进行求解并输出。请读者自行运行代码并检验输出结果是否为 12。读者也可以尝试用以下代码输出 168 和 180 的素因数分解结果，加深对素因数分解的理解：

```
print(factorize(168))
print(factorize(180))
```

2.1.3　利用辗转相除法求解最大公因数

上述通过素因数分解求解最大公因数的方法虽然概念简单、直观易懂，但效率很低，当正整数超过 1000 时就不太适用了，因为在现实时间内难以有效获得对一个正整数进行素因数分解所需的素数列表（见本节末尾的延伸阅读 1）。即使是用埃拉托斯特尼筛法，到达一定规模时也因为效率低下而变得不适用。而使用辗转相除法，可以快速获得两个正整数的最大公因数，无须进行素因数分解。

1. 辗转相除法的原理

设两个不小于 2 的正整数 a 和 b，不失一般性令 a > b。按照带余除法的规则，设 a 除以 b 的商是 q，余数是 r（0 ≤ r < b），那么有

$$a = bq + r \tag{2.1}$$

$$r = a - bq \tag{2.2}$$

当 $r = 0$ 时，意味着 b 被 a 整除，那么可以直接求得 a 和 b 的最大公因数是 b。

当 $r > 0$ 时，设 b 和 r 的最大公因数是 G_0，a 和 b 的最大公因数是 G_1，那么存在两个互素的正整数 m 和 n 使得 $b = mG_0$，$r = nG_0$，代入式 (2.1) 得到

$$a = mG_0 q + nG_0 = (mq + n)G_0 \tag{2.3}$$

这意味着 G_0 是 a、b 和 r 三个正整数的公因数。但由于 G_1 已经是 a 和 b 的最大公因数，那么 G_0 作为 a 和 b 的另一个公因数，一定有 $G_0 \leqslant G_1$。

另一方面，不难知道存在另外两个互素的正整数 m' 和 n'，使得 $a = m'G_1$，$b = n'G_1$，代入式 (2.2) 有

$$r = a - bq = (m' - n'q)G_1 \tag{2.4}$$

因此，G_1 是 a、b 和 r 三个正整数的公因数。类比之前的讨论可以得出结论 $G_1 \leqslant G_0$。

综上所述，一定有 $G_0 = G_1$，亦即，a 和 b 的最大公因数，等于 a 除以 b 的余数 r 和 b 的最大公因数。

因为 a 除以 b 的余数 r 一定总是小于 b，反复利用以上结论可以将 a 和 b 的最大公因数问题逐次转换为更小的问题。转换到最后总会出现余数为零，也就是比较小的数能够被比较大的数整除的情形。此时比较小的数就是所求的 a 和 b 的最大公因数。

2. 代码实现

程序 2.2 为辗转相除法的 Python 实现代码。

程序 2.2　辗转相除法的实现代码

```
1  def GCD(a, b):
2      while b != 0:
3          a, b = b, a % b
4      return a
```

程序 2.2 中的函数名 GCD 是最大公因数（greatest common divisor）的英文缩写[①]。函数主体仅有 3 行，这得益于算法本身的优越性和 Python 语言强大的表达能力。我们在此详细解释程序 2.2 第 3 行：

```
3            a, b = b, a % b
```

在 Python 中，可以在一条赋值语句的左侧指定多个变量，在右侧将多个表达式的计算结果组织成 Python 的元组类型，为左侧一起赋值。

理解第 3 行的关键是，先将语句右侧的所有表达式全部计算一遍，然后再一同赋值给左侧的变量。第 3 行的写法也可以改成使用中间变量的写法，以便理解这个过程：

```
1 t1 = b
2 t2 = a % b
3 a = t1
4 b = t2
```

2.1.4 辗转相除法的可视化

读者可能还会觉得辗转相除法不太容易理解，那么接下来进行一些可视化的操作。

1. 可视化过程的步骤

1）矩形的分割

图 2.1 绘制一个长为 a、宽为 b 的矩形。我们从矩形中尽可能地分割出边长为 b 的正方形。分割出来的所有正方形一起组成矩形①，剩余部分组成矩形②。此时矩形②的长为 b，宽为 a 除以 b 的余数。

回看程序 2.2，图 2.1 实际上就是这段代码第 3 行的示意图。代码中的变量 a 和 b 代表矩形的长和宽，截取正方形后得到新的长和宽，再将其赋值给 a 和 b。另外要注意的是，相比于原始的矩形，矩形②的长和宽的位置发生了调换。

[①] Python 在 math 模块中提供了 gcd() 函数，此处将函数名大写以作区分；本书其他地方的最大公因数算法也都起了别名。

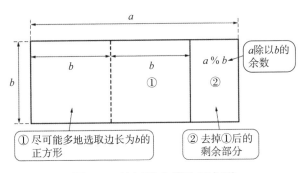

图 2.1　从矩形中截取正方形

2) 对分割后的矩形进一步重复分割操作

如图 2.2 所示，对矩形 ② 用同样的方法沿长边的方向分割出一个或多个正方形，剩余部分为矩形 ③。重复上述过程，使一系列矩形的原点呈螺旋状移动，如图 2.3 所示。

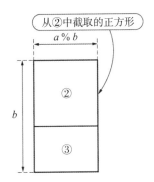

图 2.2　对矩形 ② 重复分割操作

2. 可视化过程的理解

将辗转相除法与图 2.3 进行对比，可以看到，分割步骤重复进行下去，达到最终状态时，整个矩形被分割成一系列正方形，最后分割出的最小的正方形边长则为 a 和 b 的最大公因数。此时，所有分割出的正方形无缝隙地填充了原始的矩形，没有剩余的部分。

图 2.3 用箭头表示了以每一步迭代的原点为起点的正方形对角线方向，供后文参考。每一次迭代时正方形的原点移动，对角线的方向也随之顺时针旋转 90°。

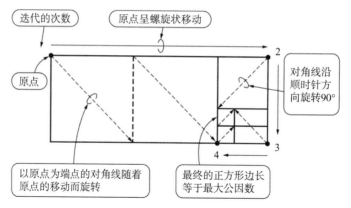

图 2.3　以螺旋状迭代方式对矩形进行分割

3. 代码实现

程序 2.3 为辗转相除法可视化过程的实现代码。

程序 2.3　辗转相除法可视化过程的实现代码

```
1  import numpy as np
2  from PIL import Image, ImageDraw
3
4  def draw_gcd(a, b, width):
5      # 将a调整为矩形的长边
6      if a < b:
7          a, b = b, a
8      # 新建一个绘图对象，其绘图区域以白色为背景色
9      im = Image.new("RGB", (width, int(width * b / a)),
          (255, 255, 255))
10     draw = ImageDraw.Draw(im)
11     # 旋转90度的矩阵
12     R = np.array([[0, -1], [1, 0]])
13     # 绘图向量（螺旋的旋转方向和正方形的对角线方向）
14     D = np.stack([[1, 0], [1, 1]], axis = 1)
15     # 定义绘制正方形的填充色
```

```
16    fills = [(200, 150, 150), (150, 200, 150), (150, 150,
          200), (150, 150, 150)]
17    f = 0
18    scale = (width - 1) / a
19    # 初始化原点的坐标
20    origin = np.array([0, 0])
21    while b != 0:
22        # 绘制尽可能多的正方形
23        for i in range(a // b):
24            # p0 为要绘制正方形的起始坐标
25            # D[:, 0] 为方向矩阵的第 1 列，即原点的移动方向
26            p0 = origin + i * b * D[:, 0]
27            # p1 为正方形对角位置的坐标
28            # D[:, 1] 为方向矩阵的第 2 列，即对角线的方向
29            p1 = p0 + b * D[:, 1]
30            draw.rectangle(tuple(scale * np.stack([p0,
                p1]).flatten()),
31                fill = fills[f], outline = (0, 0, 0))
32        origin += a * D[:, 0]
33        # 算符 @ 为 NumPy 提供的矩阵乘法算符
34        D = R @ D
35        f = (f + 1) % len(fills)
36        a, b = b, a % b
37    return im, a
38
39 # 定义绘图区域的宽度
40 width = 640
41 # 定义最大公因数问题的两个数值
42 a, b = 87, 49
```

```
43  im, gcd = draw_gcd(a, b, width)
44  print(f'{a}和{b}的最大公因数 = {gcd}')
45  im
```

下面解释程序 2.3 中的关键步骤。

• 第 2 行

```
2  from PIL import Image, ImageDraw
```

从 PIL 包中导入 Image 和 ImageDraw 模块。PIL 包的用法我们已在 1.3 节中介绍过。

• 第 4 行

```
4  def draw_gcd(a, b, width):
```

定义用辗转相除法进行绘制矩形分割操作的函数 draw_gcd()。其参数包括两个正整数 a、b，以及绘图区域的宽度 width。用户可以根据自己的计算机屏幕大小调整宽度。

• 第 12 行

```
12      R = np.array([[0, -1], [1, 0]])
```

考虑到在每次迭代时，正方形原点的移动方向及对角线的方向都会顺时针旋转 90°，此处用 NumPy 构造矩阵的方式定义一个用于顺时针旋转 90° 的矩阵 **R**。相关内容详见本节末尾的延伸阅读 2。

• 第 14 行

```
14      D = np.stack([[1, 0], [1, 1]], axis = 1)
```

初始化方向矩阵 **D**，它的大小为 2×2，由两个列向量组成，分别是原点移动的方向向量和正方形对角线的方向向量，如图 2.4 所示。不同于 NumPy 包中的 array 函数，stack 函数可以通过控制参数 axis 的值，指定由行向量或列向量来生成矩阵。

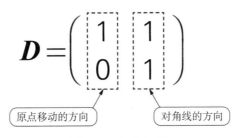

图 2.4　方向矩阵

如图 2.5 所示，方向向量的值随着每一步迭代而变化，这是通过将方向矩阵 D 与旋转矩阵 R 相乘得到的。方向矩阵 D 的定义方式，要求每次相乘时旋转矩阵 R 在方向矩阵 D 的左边。

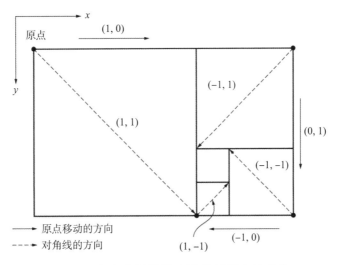

图 2.5　方向向量的值在迭代过程中的变化

- 第 22~32 行

```
22        # 绘制尽可能多的正方形
23        for i in range(a // b):
24            # p0 为要绘制正方形的起始坐标
25            # D[:, 0] 为方向矩阵的第 1 列，即原点的移动方向
```

```
26              p0 = origin + i * b * D[:, 0]
27              # p1 为正方形对角位置的坐标
28              # D[:, 1] 为方向矩阵的第 2 列，即对角线的方向
29              p1 = p0 + b * D[:, 1]
30              draw.rectangle(tuple(scale * np.stack([p0,
                    p1]).flatten()),
31                  fill = fills[f], outline = (0, 0, 0))
```

在一次迭代中，沿着正方形原点的移动方向，绘制尽可能多的正方形。首先在第 27 行和第 30 行计算出正方形原点位置的坐标 p0 和 p1，然后通过以下 4 个步骤将两个坐标组成一个四元组，在第 31 行作为第一个参数赋给 rectangle() 函数：

① 用 NumPy 的 stack() 函数将 p0 和 p1 合并为一个 2×2 的矩形。

② 将坐标值扩大 scale 倍，以匹配绘图区域的宽度。

③ 用 NumPy 的 flatten() 函数将其平铺为一个 1×4 的矩阵（行向量）。

④ 用 Python 内置的 tuple() 函数将 NumPy 的矩阵转换为元组。

- 第 43 行

```
43  a, b = 87, 49
```

指定最大公因数问题的两个正整数 a 和 b 的值。

4. 运行结果

运行程序 2.3，绘制一个将辗转相除法的过程可视化的矩形图案，它被分割成一系列从大到小、螺旋排列的正方形，如图 2.6 所示。

除此之外，读者还可以尝试一些不同的模式。假如正整数 a 和 b 的取值不超过 100，通过运行程序，可以发现大多数情形下辗转相除法的迭代次数在 3~4 次。那么，如何选取正整数，使得迭代次数最大化？

12和11的最大公因数 = 1

(a)12和11的运算结果（迭代次数 = 2）

89和55的最大公因数 = 1

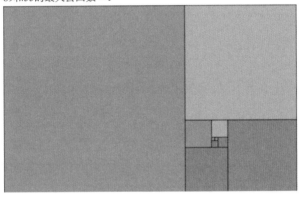

(b)89和55的运算结果（迭代次数 = 9）

图 2.6　辗转相除法的可视化结果

　　我们不加证明地给出结论：当两个正整数是斐波那契数列的相邻两项时，辗转相除法的迭代次数最大，例如，图 2.6(b) 所示的 89 和 55（9 次），其他组合包括 55 和 34（8 次）以及 233 和 144（11 次）。

2.1.5　扩展的辗转相除法

　　最后让我们讨论一下扩展的辗转相除法（扩展欧几里得算法）。作为对原始辗转相除法的拓展应用，它用来求解满足方程 $ax + by = d$（其中，d 是 a 和 b 的最大公因数）的整数解 (x, y)。

1. 原　理

首先列出要求解的不定方程：

$$ax + by = d \quad [d = \gcd(a, b)] \tag{2.5}$$

再设 a 除以 b 的商为 q，余数为 r，那么可以写作 $a = bq + r$。代入式 (2.5) 有

$$(bq + r)x + by = d \Leftrightarrow b(qx + y) + rx = d \tag{2.6}$$

对式 (2.6) 进行变量代换 $X = qx + y$ 和 $Y = x$，变为

$$bX + rY = d \tag{2.7}$$

比较式 (2.5) 和式 (2.7)，x（对应 X）和 y（对应 Y）的系数从 a 和 b 变为 b 和 r。这组系数的变化刚好和原始的辗转相除法一致。

进而，对不定方程 (2.5) 的系数迭代进行变量代换，类比原始的辗转相除法。最终的方程中，X 的系数为 a 和 b 的最大公因数 d，Y 的系数为 0，停止迭代。此时，方程的形式为 $dX + 0Y = d$。令 X 取 1，Y 取任意整数，都构成这个方程的整数解。为简单起见，取 $Y = 0$。

2. 汇总结果

我们将注意力集中在方程中 x 和 y 的系数，将不定方程 (2.5) 的系数 (a, b) 和对应的解 (x, y) 用 Python 元组的形式记录。将之前的变量代换反过来，用 X 和 Y 表示 x 和 y，有 $x = X$，$y = X - qY$。方程的系数和解的变化过程如图 2.7 所示。算法的两个关键步骤如下：

① 如果系数为 (B, R) 的方程对应的一组解为 (X, Y)，那么系数为 (A, B) 的方程存在一组解 $(Y, X - QY)$，其中，Q 和 R 分别为 A 除以 B 的商和余数。

② 迭代过程最后一步的方程系数是 $(d, 0)$，其中，d 是原始的系数 a 和 b 的最大公因数。此时 $(1, 0)$ 是对应的一组解。

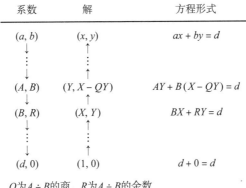

系数	解	方程形式

$$(a, b) \quad (x, y) \qquad ax + by = d$$

$$(A, B) \quad (Y, X - QY) \qquad AY + B(X - QY) = d$$

$$(B, R) \quad (X, Y) \qquad BX + RY = d$$

$$(d, 0) \quad (1, 0) \qquad d + 0 = d$$

Q 为 $A \div B$ 的商，R 为 $A \div B$ 的余数

图 2.7 扩展的辗转相除法对不定方程系数和解的计算过程

3. 代码实现

程序 2.4 为扩展的辗转相除法的实现代码。上述两个关键步骤分别对应代码的第 7~9 行和第 5 行。程序 2.4 采用递归的写法，请读者对照图 2.7 思考程序的递归流程。

程序 2.4　扩展的辗转相除法的实现代码

```
1  # 给定两个自然数 a 和 b，求满足不定方程 ax + by = gcd(a,b) 的一组解
   (x,y)
2  def xgcd(a,b):
3      if b == 0:
4          # 递归末尾，直接返回解 X = 1, Y = 0
5          return 1, 0
6      else:
7          # 通过上一次递归的结果返回本次结果
8          x0, y0 = xgcd(b, a % b)
9          return y0, x0 - a // b * y0
10
11 x, y = xgcd(35, 15)
12 print(f'x = {x}, y = {y}')
```

另外请注意，在 Python 中用两个斜杠 "//" 代表整数除法。如果使用一个

斜杠"/"，则会生成浮点数。

通过程序 2.4 可求得不定方程 $15x + 35y = \gcd(15, 35) = 5$ 的一组解为 $x = -2$，$y = 1$。请读者自行运行程序加以验证。读者也可以尝试修改程序输出不同的结果，比如在递归末尾返回 $X = 1$，Y 为非零的整数。

延伸阅读 1   全体素数的生成函数

以下函数为全体素数的生成函数之一：

$$f(n) = \left\lfloor \frac{n!\ \mathrm{mod}\ (n+1)}{n} \right\rfloor (n-1) + 2 \tag{2.8}$$

其中，$\lfloor x \rfloor$ 为向下取整函数，返回小于或等于 x 的最大整数。式 (2.8) 基于一个称为威尔逊定理的命题而导出。该定理指出，当 p 是素数时，有 $(p-1)! \equiv 1 \pmod{p}$ 成立。其含义是，$p-1$ 的阶乘除以 p 的余数和 -1（或 $p-1$）除以 p 的余数相等。

1. 公式的具体分析

考虑阶乘 $n! = n \times (n-1) \times (n-2) \times \cdots \times 2 \times 1$，当 $n+1$ 是合数时，分三种情况讨论：

① $n = 3$，$n + 1 = 4$，于是有 $3! = 6 \equiv 2 \pmod{4}$。

② $n + 1$ 为大于 4 的完全平方数，存在一个正整数 $k > 2$ 使得 $n + 1 = k^2 > 2k$，此时有两个不相等的整数 k 和 $2k$，满足 $1 < k < 2k \leqslant n$，于是 $n!$ 能被 $n + 1 = k^2$ 整除。

③ $n + 1$ 为非完全平方数，因为 $n + 1$ 是合数，它能被分解为两个不相等的正整数 a 和 b 的乘积，不难知道一定有 $1 < a, b < n$，于是 $n!$ 也能被 $n + 1$ 整除。

因此，$n!\ \mathrm{mod}\ (n+1)$ 当 $n+1$ 为素数时的结果为 n（n 和 -1 对于 $n+1$ 同余），当 n 为合数时的结果为 0 或 2。代入到式 (2.8) 右边的取整函数中，当 $n+1$ 为素数时结果为 1，反之为 0。

式 (2.8) 右边的 $+2$ 是为了在 $n+1$ 为合数时令函数也返回一个素数。换言之，函数在 $n+1$ 为素数时返回 $n+1$ 本身，否则返回 2。

2. 素数的生成结果

函数 $f(n)$ 的核心，也就是基于威尔逊定理构造的取整函数，可以作为检验素数的判据，而 $f(n)$ 也能用来生成所有素数。实际上，令 n 从 1 取到 30，$f(n)$ 的返回值如下：

$$2, 3, 2, 5, 2, 7, 2, 2, 2, 11, 2, 13, 2, 2, 2, 17, 2, 19, 2, 2, 2, 23, 2, 2, 2, 2, 2, 29, 2$$

以上返回值中，除第一个数字 2 以外，将其他数字 2 删去，则得到从小到大的素数序列。

但是，$f(n)$ 的计算包含阶乘运算，随着 n 的增加，其计算时间呈爆炸式增长，因此不能用于在现实时间内枚举素数。

延伸阅读 2　由三角函数组成旋转矩阵

通常，二维平面上的一点 (x, y) 绕原点逆时针方向转动 θ 后的坐标 (x', y') 可以用矩阵的乘积表示如下：

$$
\begin{pmatrix} x' \\ y' \end{pmatrix} = \begin{pmatrix} \cos\theta & -\sin\theta \\ \sin\theta & \cos\theta \end{pmatrix} \begin{pmatrix} x \\ y \end{pmatrix} \tag{2.9}
$$

当 $\theta = 90°$ 时，旋转矩阵的形式为 $\boldsymbol{R} = \begin{pmatrix} 0 & -1 \\ 1 & 0 \end{pmatrix}$。多次旋转的结果相当于对旋转矩阵多次相乘，如旋转 180° 的矩阵等于 $\boldsymbol{R} \times \boldsymbol{R}$，旋转 270° 的矩阵等于 $\boldsymbol{R} \times \boldsymbol{R} \times \boldsymbol{R}$，旋转 360°（回到原点）的矩阵等于 $\boldsymbol{R} \times \boldsymbol{R} \times \boldsymbol{R} \times \boldsymbol{R} = \boldsymbol{I}$，其中，$\boldsymbol{I}$ 为单位矩阵 $\boldsymbol{I} = \begin{pmatrix} 1 & 0 \\ 0 & 1 \end{pmatrix}$。

延伸阅读 3　从程序的递归调用联想到数学归纳法

本节的程序 2.4 使用了递归调用，也就是在函数的定义中调用了函数本身，这种函数称为递归函数。递归函数基于"假设前面（或后面）的计算结果已知，来计算当前的结果"的思想，这与高中数学学到的数学归纳法的思想不谋而合。

递归的思想利用得当，可以大大简化程序的书写，省去复杂的循环处理，逻辑一目了然。然而要小心的是，如果没有设定好递归终止的条件，或者调用自身时参数有误，则有可能会无限递归下去，最终造成程序内存不足而异常终止。

无限递归调用的后果，取决于程序设计语言及其运行的环境。常见的情形如 C 语言，它的运行环境是操作系统，后者对程序使用的内存进行统一管理。重复的 C 函数调用会导致栈溢出，造成对无效的内存区域的访问，触发错误导致程序崩溃。在 Unix/Linux 系统，这种错误称为段错误（segmentation fault）。

其他一些由宿主程序执行的语言可能表现为不同的行为。例如本书主要使用的 Python 语言，其解释器内部定义了递归调用的次数，超过这个次数就会报错。

在没有内存管理功能的计算机环境中，无限次的函数调用可能导致程序无法终止（挂起状态），同时覆盖堆栈专用的内存区域；或者更危险地，程序可能会破坏自身或者其他程序代码指令所在区域，导致代码的行为变得完全不可控。

2.2　用于互联网通信的公钥加密系统

加密技术对于确保互联网安全不可或缺。特别地，在互联网上进行数据通信时，为了防止通信被第三方窃听导致数据泄露，必须对发送和接收的数据进行加密。

我们先定义几个术语：**密码学**是一种将原始数据转换为无法被第三方轻易破译的其他形式数据的方法。要保密的原始数据称为**明文**，将明文通过特定的加密方法转换后生成的数据称为**密文**。根据明文创建密文的过程称为**加密**，从密文中还原出明文的过程称为**解密**。

无论是加密还是解密，都依赖称为"密钥"的数据。根据数据发送方和接收方如何处理密钥，分为以下两种类型：

①对称密钥：发送方加密和接收方解密时使用相同的密钥。

②非对称密钥：发送方加密和接收方解密时使用不同的密钥。

2.2.1　对称密钥加密技术——恺撒密码

下面以一个经典案例——恺撒密码来解释对称密钥加密算法。恺撒密码通过对字符按照其在字母表中的位置移动若干位来生成密文。反之，解密则通过按照与加密相反的方向移动相同的位数来实现。字母移动的位数就是恺撒密码的密钥。图 2.8 展示了 Alice 通过恺撒密码将一串数据传输给 Bob 的过程。

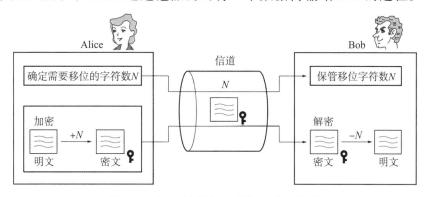

图 2.8　基于恺撒密码进行加密和解密

首先，Alice 设定字母移动的位数 N，通过互联网将 N 发送给 Bob。Bob 收到并保存数字 N。然后，Alice 将她要发送的消息向后移动 N 个字符（如 $N = 2$ 时，A→C，B→D 等）创建密文，并通过互联网发送密文给 Bob。收到密文的 Bob 将密文向前移动 N 个字符解密出明文。

程序 2.5 给出了恺撒密码的实现程序。其中，通过 ord() 函数获取字符的编码，通过 chr() 函数根据编码得到字符，通过给字符编码加减 N 实现字符的移位[①]。运行程序 2.5，结果将输出明文 "Programming!" 向后平移 2 个字符后的密文，以及密文向前平移 2 个字符解密出的明文。

程序 2.5　恺撒密码的实现代码

```
1  # 使用恺撒密码进行加密和解密
2  def caesar(n, message):
```

---

① 准确地说，ord() 和 chr() 函数操作的是字符的 Unicode 码点。Unicode 在一个很大的范围内编码世界各地的语言文字，编码范围用十六进制表示为 0x0000~0x10FFFF，但在英文字母和数字部分与 ASCII 字符集的码点一致，范围为 0x20~0x7E，所以可类比 ASCII 编码处理。

```
3      # 将编码范围位于 start 到 end 之间的给定字符移动 n 位
4      def shift(c, n, start, end):
5          return chr((ord(c) - start + n) % (end - start +
              1) + start)
6      return ''.join([shift(c, n, 0x20, 0x7e) for c in
          message])
7
8  original = 'Programming!'
9  encrypted = caesar(2, original)
10 decrypted = caesar(-2, encrypted)
11 print(f'明文 = {original}\n密文 = {encrypted}\n解密后的明文 =
      {decrypted}')
```

请读者自行运行程序 2.5，验证输出结果是否与如下所示一致：

```
明文 = Programming!
密文 = Rtqitcookpi#
解密后的明文 = Programming!
```

基于恺撒密码的加密算法存在以下问题：

1) 字符移位的数值 N 以明文传输

假设此时有一位恶意的第三方（Eve）拦截了通信获取了密钥 N 和密文，并且通过一些手段知道了 Alice 和 Bob 之间的密码是恺撒密码。那么 Eve 可以很轻松地使用密钥 N 解密密文。问题首先出在加密使用的密钥以明文在网络中传输。

然而，将密钥 N 加密后传输也并非易事。如果仍然使用恺撒密码，用来加密 N 的另一密钥还是要用明文在 Alice 和 Bob 之间共享，问题并没有解决。有人会想，我们在算法中约定一个固定的 N 值，这样就不用在网络传输了，但这样做也有一个问题，原因如下。

2) 密文维持了明文的一些统计性质

如果假设明文是某种自然语言，比如英文，那么语言的一些统计特征，如字母出现的频率（如字母 E 出现的频率最高，为 12.7%；Z 出现的频率最低，为 0.074%），以及特定字母组合在单词中出现的频率（双字母组合中的 TH 和 HE，三字母组合中的 THE 和 AND 等），可以被用来推测明文中的内容。而且，获得的密文长度越长，统计性质的匹配度就越高，推测就越准。前文提到的将 N 设为固定值的方案，意味着攻击者 Eve 可以通过持续拦截 Alice 和 Bob 的通信，获得大量使用相同密钥 N 加密的密文样本，从而提高通过统计性质推断密钥的准确性。

2.2.2　非对称密钥加密技术——RSA

基于以上背景，一种使用非对称密钥的加密算法于 1977 年发明，称为 RSA 加密算法。其得名于三名共同发明者的姓氏首字母，分别是罗纳德·李维斯特（Ronald L. Rivest）、阿迪·萨莫尔（Adi Shamir）和莱昂纳德·阿德曼（Leonard M. Adleman）。

RSA 加密算法的核心是用数学方法生成一对关联的非对称密钥（公钥和私钥），用来对明文加密以及解密，取代之前通过网络传输对称密钥的办法。

图 2.9 显示了 RSA 公钥加密的流程。首先，由 Bob 生成一对公钥和私钥（后

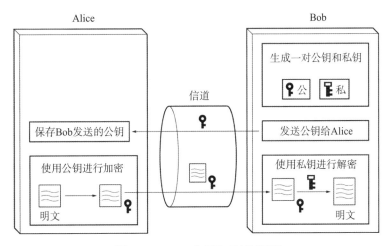

图 2.9　RSA 公钥加密的流程

文将讲解具体的生成方法）。然后，Bob 将公钥发送给 Alice，将私钥保存在只有自己能访问的地方。Alice 使用 Bob 发送的公钥将想要发送的信息加密，将密文发送给 Bob。Bob 收到密文后，使用只有自己知道的私钥将密文解密成明文。

1. RSA 加密算法流程

1) 生成公钥和私钥

RSA 加密算法用到的公钥和私钥均为一组包含 2 个正整数的元组 (N, e)、(N, d)。其中，N 是两个素数 p 和 q 的乘积 $N = pq$。对于给定的 N，令 m 为小于等于 N 且与 N 互素的正整数个数。m 的计算方式如下：

$$
\begin{aligned}
m &= N - (p \text{ 的倍数的个数}) - (q \text{ 的倍数的个数}) + (p \text{ 和 } q \text{ 的公倍数的个数}) \\
&= N - (N/p) - (N/q) + 1 \\
&= pq - q - p + 1 \\
&= (p-1)(q-1)
\end{aligned}
\tag{2.10}
$$

选取与 m 互素（最大公因数为 1）的大于 1 的正整数，记为 e。将整数对 (N, e) 作为公钥。

接下来，求解能使 de 除以 m 的余数为 1 的最小整数 d。令 de 除以 m 的商为 f，则

$$
de = mf + 1 \Leftrightarrow de - mf = 1
\tag{2.11}
$$

因为 e 和 m 互素，其最大公因数为 1，不定方程 (2.11) 刚好可以用上一节介绍的扩展辗转相除法求解，获得满足方程的 d（以及 f）。将整数对 (N, d) 作为私钥。

我们用一个实例进行说明，见表 2.1。选取两个素数 3 和 11，计算得 $m = 20$，选择与 m 互素的整数 $e = 3$，最终生成公钥 $(33, 3)$ 和私钥 $(33, 7)$。

2) 加密和解密

对于任意一个小于 N 的正整数 a，使用公钥 (N, e)，用式 (2.12) 计算得到 b：

$$b = a^e \bmod N \tag{2.12}$$

b 即为明文 a 加密得到的密文。式 (2.12) 中的 mod 是取余数的运算。

用私钥 (N, d) 对密文 b 解密得到明文 a'，计算公式如下：

$$a' = b^d \bmod N \tag{2.13}$$

表 2.1 RSA 公钥算法的公钥/私钥对生成流程

步 骤	流 程	示 例
1	选取两个素数 p 和 q	选择 $p = 3$，$q = 11$
2	求乘积 $N = pq$	$N = 3 \times 11 = 33$
3	求不大于 N 且与 N 互素的正整数个数 m	$m = (p-1)(q-1) = 20$
4	从与 m 互素的正整数中选取一个作为 e	与 20 互素的正整数包括 3，7，9，11，13，17，19 等，从中选取 $e = 3$
5	求解令 de 除以 m 的余数为 1 的最小整数 d	满足 $3d \equiv 1 \pmod{20}$ 的最小正整数 $d = 7$
6	生成公钥和私钥	公钥为 $(33, 3)$，私钥为 $(33, 7)$

2. RSA 加密算法证明

利用费马小定理，可以证明刚才解密得到的 a' 等于原始明文 a。详细的证明过程见本节末尾的延伸阅读 2。基于以上严谨的数学背景，RSA 加密算法可以说是一种能够放心使用的密码学算法。

3. RSA 加密算法更安全的原因

加密算法的公钥连同密文通过网络信道传输。对 RSA 加密算法来说，对同一份明文使用同样的公钥会产生相同的密文，因此事实上也存在类似恺撒密码那样被统计学方法破解的风险。在实际操作中，通常会在原始明文中加入随机数，再进行加密，解密后丢掉随机数部分即可获得正确的原始明文。

读者可能会对通过网络信道传输的公钥感到不安全。但是在 RSA 加密算法中，即使已知加密使用的公钥，对应的解密所需的私钥也难以轻易计算出来，从而保证了信息的安全性。这个性质，究其原因是大整数的素因数分解问题在现实时间内难以求解。

例如，互联网加密通信使用的 SSL/TLS 协议中，RSA 作为公钥加密算法之一用于通信双方协商发送共同生成的对称公钥。当前使用的 RSA 密钥长度（素数乘积 pq 的大小）一般为 2048bit，换算成十进制的位数为 $\log_{10} 2^{2048} = 2048 \times \log_{10} 2 \approx 617$ 位。相关文献[①]给出了超级计算机运算一年能够破解的素因数分解问题规模（密钥长度）、发展趋势和未来预测。其中的关键信息包括：

① 2020 年前后能够有效破解长度为 1024~1200bit 的密钥。

② 长度为 2048bit 的密钥预计能够在 2053~2063 年被有效破解。

③ 以 2020 年超级计算机的性能，破解 2048bit 长度的密钥需要 1000 亿年。

如果未来有突破性的数学发现，或者诸如量子计算机等计算技术的革命性进步，以上的估计可能就不适用了。基于素因数分解问题困难性的 RSA 加密算法，其安全性届时有可能会受到威胁。

2.2.3　文本加密的实现

1. 准备工作

接下来体验一下 RSA 加密的具体实现。正式开始之前，有必要介绍一下准备工作。

不妨预先计算本实验涉及的数字 [使用前一小节推导的 (33,3) 和 (33,7) 作为公钥/私钥对]，见表 2.2。如表 2.2 中的第 3 步所示，RSA 加密过程中往往用较大的素数（比这个例子里的大得多）作为指数求幂运算，要计算非常大的整数。虽然 Python 内置的整数类型可以处理无限位数的整数（只要内存允许的话），但是效率预计会非常低。因此本节使用 1.3 节介绍的 gmpy2 包来加速运算。

表 2.2　加密和解密的计算过程示例

步　骤	求解内容	计算距离
1	选取需要加密的正整数 a	选取 $a = 13$
2	计算 $b \equiv a^e \pmod{N}$，对 a 加密	$b = 13^3 = 2197 \equiv 19 \pmod{33}$
3	计算 $a' \equiv b^d \pmod{N}$，对 b 解密	$a' = 19^7 = 893871739 \equiv 13 \pmod{33}$

---

① https://www.cryptrec.go.jp/report/cryptrec-rp-2000-2019.pdf.

2. 使用 RSA 算法加密/解密的程序

程序 2.6 展示了使用 RSA 算法对文本消息进行加密和解密的代码。

程序 2.6　生成公钥/私钥对和加密/解密过程的代码

```
1  from gmpy2 import mpz, powmod, gcdext
2
3  # 使用一对素数 p, q 生成公钥/私钥对
4  def genkey(p, q, e = 65537):
5      n = p * q
6      m = (p - 1) * (q - 1)
7      # 返回最大公因数方程 ax+by = gcd(a,b) 的最大公因数本身以及 x 和 y
8      _, d, _ = gcdext(e, m)
9      # 将私钥使用的 d 调整成正值
10     while d < 0:
11         d += m
12     return (n, e), (n, int(d))
13
14 # 使用公钥对明文 v 加密
15 def encrypt(v, pubkey):
16     return list(map(lambda v: int(powmod(v, pubkey[1],
            pubkey[0])), v))
17
18 # 使用私钥对密文 v 解密
19 def decrypt(v, prvkey):
20     return list(map(lambda v: int(powmod(v, prvkey[1],
            prvkey[0])), v))
21
22 # 公钥/私钥对的生成和加密/解密过程
23 pubkey, prvkey = genkey(3, 11, e = 3)
24 a = [13]
```

```
25  b = encrypt(a, pubkey)
26  adash = decrypt(b, prvkey)
27  print(f'公钥 = {pubkey}，私钥 = {prvkey}，明文 = {a}，密文 =
        {b}，解密后的明文 = {adash}')
```

下面解释程序 2.6 中的关键步骤。

- 第 4~12 行

```
4  def genkey(p, q, e = 65537):
5      n = p * q
6      m = (p - 1) * (q - 1)
7      # 返回最大公因数方程 ax+by = gcd(a,b) 的最大公因数本身以及 x 和 y
8      _, d, _ = gcdext(e, m)
9      # 将私钥使用的 d 调整成正值
10     while d < 0:
11         d += m
12     return (n, e), (n, int(d))
```

定义由给定的素数 p 和 q 生成公钥/私钥对的函数。函数内的扩展辗转相除法运算由 gmpy2 包提供的 gcdext() 函数实现（第 8 行）。

公钥和私钥中包含的整数必须是正整数，然而扩展的辗转相除法有可能返回负整数的解。事实上，设 (x_0, y_0) 是方程 $ax + by = \gcd(a, b)$ 的一组解，那么对任意整数 k，有 $(x_0 + kb, y_0 - ka)$ 也是方程的一组解。利用这个性质，可以将返回值 d 逐渐调整成正整数（第 10、11 行）。最终的公钥/私钥对以 Python 元组的形式返回（第 12 行）。

gmpy2 提供的 gcdext() 函数返回的类型是 gmpy2 内定义的高精度长整数型（mpz 类型）。mpz 类型实际上可以与 Python 内置的整数类型（int）混用，但为了代码的可读性，笔者将其转换为 int 类型（第 12 行）。后面的 encrypt（第 15 行）和 decrypt（第 19 行）函数中也作了类似的转换。

- 第 15、16 行

```
15 def encrypt(v, pubkey):
16     return list(map(lambda v: int(powmod(v, pubkey[1],
           pubkey[0])), v))
```

定义对一个给定整数列表中的所有元素逐个进行公钥加密运算的函数。此处使用了 Python 提供的 map 函数，将相同的函数应用到列表内的每个元素。

map 函数的第一个参数为指定的函数，要求能够应用到第二个和之后的参数中提供的列表或元组中的所有元素①。值得一提的是，调用 map 函数时尚未对列表中的元素执行计算，而是将计算推迟到需要取得计算结果的时候。这是 Python 的一个独特机制，称为"惰性求值"（lazy evaluation），在处理包含大量元素的列表或类似对象时，能够有效地优化性能。

当前，在 encrypt 函数中，我们要返回实际的计算结果，所以使用 list 函数将结果固化为列表。

加密算法的核心计算 $a^p \bmod m$ 使用了 gmpy2 提供的 powmod 函数。在下一节我们将列举一些实际应用的场景作为 RSA 算法的例子，其中，生成密钥的素数取 3571 和 3559，乘积是 1200 多万，加密数据 a 也有可能达到千万量级。使用普通的方法计算 a 的成百上千次方需要耗费大量时间，而 powmod 函数在内部作了优化，能够对这类问题进行快速运算。

- 第 19、20 行

```
19 def decrypt(v, prvkey):
20     return list(map(lambda v: int(powmod(v, prvkey[1],
           prvkey[0])), v))
```

定义对一个给定整数列表中的所有元素逐个进行私钥解密的函数。构造方式与加密函数相同。

---

① 更精确的说法是，第一个参数是可调用的（callable）Python 对象，第二个和之后的参数是可迭代的（iterable）Python 对象。限于篇幅，本书不在此展开解释。

• 第 23~27 行

```
23  pubkey, prvkey = genkey(3, 11, e = 3)
24  a = [13]
25  b = encrypt(a, pubkey)
26  adash = decrypt(b, prvkey)
27  print(f'公钥 = {pubkey}, 私钥 = {prvkey}, 明文 = {a}, 密文 =
        {b}, 解密后的明文 = {adash}')
```

运行生成公钥/私钥和加密/解密过程的代码，实现表 2.2 中的各个计算步骤。请读者运行程序并检验结果是否与以下结果一致。读者也可以进一步尝试用更多的整数作为明文进行加密和解密。

```
公钥 = (33, 3), 私钥 = (33, 7), 明文 = [13], 密文 = [19], 解密
    后的明文 = [13]
```

延伸阅读 1　密码学中常用的人名轶闻

在描述加密算法等问题时，我们通常用人名 Alice 和 Bob 代替抽象的字母 A 和 B 来指代相关角色。

一般地，发送信息的一方称为 Alice，接收信息的一方称为 Bob。在需要第三方的时候，会使用 Charlie 或者 Carol 代替字母 C。根据需要，还可以接着使用以字母 D~Z 开头的人名。

这是因为，密码算法相关内容理解起来比较困难并且费时，使用人名来描述问题能让人轻松一些，加深理解。

延伸阅读 2　RSA 加密算法解密结果正确性的证明

设 de 除以 m 的余数为 1，换言之存在整数 k 使得 $de = km + 1$ 成立，另外有 $N = pq$。根据以上事实，可推导出下式：

$$a' \equiv b^d = a^{de} = a^{km+1} = a(a^{(p-1)(q-1)})^k \quad (\text{mod } pq) \tag{2.14}$$

以下分类讨论：

1) a 和 N 互素的情形

根据费马小定理，当 p 为素数，a 与 p 互素，则 $a^{p-1} \equiv 1 \pmod{p}$ 成立。于是有

$$a^{(p-1)(q-1)} \equiv 1^{q-1} = 1 \quad (\bmod\ p)$$
$$a^{(p-1)(q-1)} \equiv 1^{p-1} = 1 \quad (\bmod\ q) \tag{2.15}$$

因此，$a^{(p-1)(q-1)} - 1$ 能同时被 p 和 q 整除，亦即

$$a^{(p-1)(q-1)} - 1 \equiv 0 \quad (\bmod\ pq) \Leftrightarrow a^{(p-1)(q-1)} \equiv 1 \quad (\bmod\ pq) \tag{2.16}$$

进而有

$$a' \equiv a(a^{(p-1)(q-1)})^k = a \cdot 1^k = a \quad (\bmod\ pq) \tag{2.17}$$

由于 a' 是由 a 对 $N = pq$ 求同余运算得到，而 a 已经小于 N，只能有 $a' = a$。

2) a 能被 p 或 q 整除，且 a 不等于 0 的情形

根据对称性，只需讨论 a 被 p 整除的情形。此时有 $a \equiv 0 \pmod{p}$。因为 p 和 q 都是素数，a 小于 $N = pq$，所以 a 一定和 q 互素。利用费马小定理有 $a^{q-1} \equiv 1 \pmod{q}$ 成立，亦即

$$a^{(p-1)(q-1)} \equiv 1^{p-1} = 1 \quad (\bmod\ q) \tag{2.18}$$

因此有

$$a' \equiv a(a^{(p-1)(q-1)})^k = 0 \equiv a \quad (\bmod\ p)$$
$$a' \equiv a(a^{(p-1)(q-1)})^k = a \cdot 1^k = a \quad (\bmod\ q) \tag{2.19}$$

于是 $a' - a$ 能同时被 p 和 q 整除，也就是 $a' \equiv a \pmod{pq}$。类比前一种情形有 $a' = a$。

3) $a = 0$ 的情形

从整个计算过程不难得到 $a' = 0 = a$。综上所述，$a' = a$ 始终成立。

2.3　RSA加密的应用

至此，读者应该了解了 RSA 加密的基本思路和计算方法。本节我们首先用一个可视化的例子展示 RSA 加密的应用，接着介绍它在互联网中的重要实际应用之一——数字签名。

2.3.1　图像加密

1. 准备工作

根据上一节，RSA 加密通过将输入的数字除以素数的乘积 $N = pq$ 来计算加密数据。也就是说，输入的数字必须小于 N，否则解密后的明文是原始明文除以 N 的余数，和原始的明文不完全对应。

因此，如图 2.10 所示，对一个任意长度的整数序列进行加密时，首先将整个序列合并看作一个巨大的整数，将其转换成 N 进制的表示，再将各数位的数值加密后得到密文。由于 N 进制整数的每一位都是 $0 \sim N-1$ 的整数，求得的密文能够尽可能紧凑而节省空间。

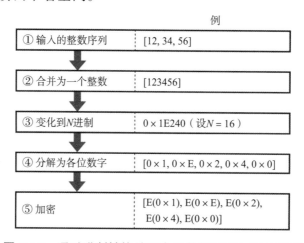

图 2.10　通过进制转换处理大量数据用于加密的流程

2. 代码实现

通过 RSA 算法加密图像的代码如程序 2.7 所示。

程序 2.7　通过 RSA 算法加密图像的代码

```
1  from gmpy2 import mpz, powmod, gcdext
2  from PIL import Image, ImageDraw
3  import struct, IPython
4  from math import sqrt, sin, cos, pi
5
6  # 进制变换
7  def convert_base(src_digits, src_base, dest_base):
8      x = mpz(0)
9      for v in src_digits:
10         x = x * src_base + v
11     dest_digits = []
12     while x > 0:
13         x, r = divmod(x, dest_base)
14         dest_digits.append(r)
15     dest_digits.reverse()
16     return dest_digits
17
18 ### 生成要加密的图像
19 width, height = 256, 256
20 img_original = Image.new("RGB", (width, height), (0, 0,
       0))
21 d = ImageDraw.Draw(img_original)
22
23 r1 = width * 0.5
24 r2 = r1 * (3 - sqrt(5)) / 2
25
26 pos = []
27 for i in range(5):
28     theta = 2 * pi * i / 5
```

```python
29        pos.append((r1 * cos(theta) + width / 2,
30                    r1 * sin(theta) + height / 2))
31        pos.append((r2 * cos(theta + pi / 5) + width / 2,
32                    r2 * sin(theta + pi / 5) + height / 2))
33 d.polygon(pos, fill = (255, 0, 0))
34
35 print("原始图像")
36 IPython.display.display(img_original)
37
38 # 使用素数对 p，q 生成公钥和私钥
39 def genkey(p, q, e = 65537):
40     n = p * q
41     m = (p - 1) * (q - 1)
42     _, d, _ = gcdext(e, m)
43     # 将私钥中的 d 变为正值
44     while d < 0:
45         d += m
46     return (n, e), (n, int(d))
47
48 ### 图像加密 ###
49 pubkey, prvkey = genkey(3571, 3559)
50 print(f'公钥 = {pubkey}，私钥 = {prvkey}')
51
52 def encrypt(v, pubkey):
53     return list(map(lambda v: int(powmod(v, pubkey[1],
54         pubkey[0])), v))
54 def decrypt(v, prvkey):
55     return list(map(lambda v: int(powmod(v, prvkey[1],
56         prvkey[0])), v))
```

```
56
57  input_base4G = [v[0] for v in struct.iter_unpack('>I',
        img_original.tobytes())]
58  # 向开头添加原始图像的尺寸数据，保证开头始终不为零
59  input_base4G[0:0] = img_original.size
60  # 将数据从 4294967296 进制（32bit 整数）转换为公钥中的 N 进制
61  # 可以省去加密过程中重复的对 N 取模运算
62  input_baseN = convert_base(input_base4G, 256**4,
        pubkey[0])
63  encrypted_baseN = encrypt(input_baseN, pubkey)
64
65  encrypted_base4G = convert_base(encrypted_baseN,
        pubkey[0], 256**4)
66  raw_data = b''.join([struct.pack('>I', v) for v in
        encrypted_base4G])
67  line_size = img_original.size[0] * 3 # RGB 三种颜色成分
68  if len(raw_data) % line_size != 0:
69      raw_data += b'\x00' * (line_size - len(raw_data) %
            line_size)
70  img_encrypted = Image.frombytes(
71      "RGB",
72      (line_size // 3, len(raw_data) // line_size),
73      raw_data)
74
75  # 显示
76  print("加密过后的图像")
77  IPython.display.display(img_encrypted)
78
79  ### 解密图像
```

```
80  decrypted_baseN = decrypt(encrypted_baseN, prvkey)
81  decrypted_base4G = convert_base(decrypted_baseN,
        prvkey[0], 256**4)
82  w, h = decrypted_base4G[0], decrypted_base4G[1]
83  output = b''.join([struct.pack('>I', v) for v in
        decrypted_base4G[2:]])
84
85  img_decrypted = Image.frombytes("RGB", (w, h),
        bytes(output))
86  print("复原的图像")
87  IPython.display.display(img_decrypted)
```

下面解释程序 2.7 中的关键步骤。

- 第 7~16 行

```
7  def convert_base(src_digits, src_base, dest_base):
8      x = mpz(0)
9      for v in src_digits:
10         x = x * src_base + v
11     dest_digits = []
12     while x > 0:
13         x, r = divmod(x, dest_base)
14         dest_digits.append(r)
15     dest_digits.reverse()
16     return dest_digits
```

定义进制变换的函数 convert_base，函数将以 src_base 进制表示的数字序列转换为以 dest_base 进制表示的数字序列。代码的第 9、10 行将输入的序列合并为一个整数。这个整数的位数一般会非常大，需要使用 gmpy2 包中的大整数类型 mpz 来运算。

合并为大整数后，通过求余数的方法得到新的进制表示。如图 2.11 所示，将整数除以 N 得到商和余数，除到商小于 N 为止。此时将最后一个商和之前得到的余数按逆序排列组合在一起，即得到整数在 N 进制下的表示。代码的第 12~15 行实现了上述过程。

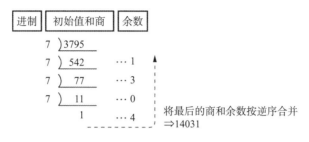

图 2.11　进制转换的过程

• 第 19~33 行

```
19 width, height = 256, 256
20 img_original = Image.new("RGB", (width, height), (0, 0,
      0))
21 d = ImageDraw.Draw(img_original)
22
23 r1 = width * 0.5
24 r2 = r1 * (3 - sqrt(5)) / 2
25
26 pos = []
27 for i in range(5):
28     theta = 2 * pi * i / 5
29     pos.append((r1 * cos(theta) + width / 2,
30                  r1 * sin(theta) + height / 2))
31     pos.append((r2 * cos(theta + pi / 5) + width / 2,
32                  r2 * sin(theta + pi / 5) + height / 2))
33 d.polygon(pos, fill = (255, 0, 0))
```

生成用于加密的图像，使用前文介绍过的 Pillow 图形库。图形中的五角星，外面的五个点构成一个圆内接正五边形，圆的半径是图的宽度的一半；里面的五个点构成另一个圆内接正五边形。延伸阅读 1 介绍了圆内接正五边形的求解过程，以及更多与正五边形相关的数学小知识。

- 第 39~49 行

```
39  def genkey(p, q, e = 65537):
40      n = p * q
41      m = (p - 1) * (q - 1)
42      _, d, _ = gcdext(e, m)
43      # 将私钥中的 d 变为正值
44      while d < 0:
45          d += m
46      return (n, e), (n, int(d))
47
48  ### 图像加密 ###
49  pubkey, prvkey = genkey(3571, 3559)
```

使用两个素数 3571 和 3559 生成公钥/私钥对。

- 第 57 行

```
57  input_base4G = [v[0] for v in struct.iter_unpack('>I',
        img_original.tobytes())]
```

根据输入图像的像素数据创建整数序列，格式为大端序（big-endian）的 32 位无符号整数（'>I'）。这个序列可看作一个 $2^{32} = 4294967296$ 进制的大整数的各位数字组成的序列。

- 第 59 行

```
59  input_base4G[0:0] = img_original.size
```

在输入数据的开头插入一个非零的"虚拟"值。这一步的意义在于，如果图像开头的像素点为黑色，生成的数据就会以一串 0 作为开头。将数据合并为大整数时，会舍去这串0，导致整个加密和解密的过程可能会丢失数据。非零的"虚拟"值用来防止出现此类问题。

- 第62、63行

```
62 input_baseN = convert_base(input_base4G, 256**4,
      pubkey[0])
63 encrypted_baseN = encrypt(input_baseN, pubkey)
```

将数据转换到 $N = 3571 \times 3559 = 12709189$ 进制，进行RSA加密计算。

- 第65~77行

```
65 encrypted_base4G = convert_base(encrypted_baseN,
      pubkey[0], 256**4)
66 raw_data = b''.join([struct.pack('>I', v) for v in
      encrypted_base4G])
67 line_size = img_original.size[0] * 3 # RGB三种颜色成分
68 if len(raw_data) % line_size != 0:
69     raw_data += b'\x00' * (line_size - len(raw_data) %
        line_size)
70 img_encrypted = Image.frombytes(
71     "RGB",
72     (line_size // 3, len(raw_data) // line_size),
73     raw_data)
74
75 # 显示
76 print("加密过后的图像")
77 IPython.display.display(img_encrypted)
```

为了显示图像，将加密后的数字序列转换为 2^{32} 进制，再转为像素数据。像素数量在加密运算中可能会有增减，所以填充到256的倍数。

• 第80~87行

```
80 decrypted_baseN = decrypt(encrypted_baseN, prvkey)
81 decrypted_base4G = convert_base(decrypted_baseN,
       prvkey[0], 256**4)
82 w, h = decrypted_base4G[0], decrypted_base4G[1]
83 output = b''.join([struct.pack('>I', v) for v in
       decrypted_base4G[2:]])
84
85 img_decrypted = Image.frombytes("RGB", (w, h),
       bytes(output))
86 print("复原的图像")
87 IPython.display.display(img_decrypted)
```

将密文解密并显示复原后的图像。

3. 运行结果和讨论

图 2.12 显示了程序 2.7 绘制的原始图像、加密图像和复原图像。其中，加密图像看上去像是雪花点一般的随机信号。

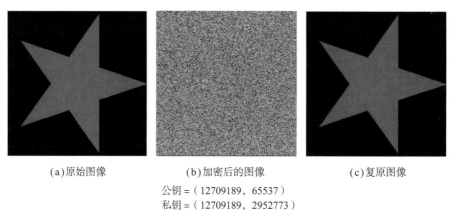

(a)原始图像　　　　　　(b)加密后的图像　　　　　　(c)复原图像

公钥 = （12709189，65537）
私钥 = （12709189，2952773）

图 2.12　程序 2.7 的运行结果

RSA 公钥加密需要大量计算，读者不妨运行程序 2.7 亲自感受一下，即使是程序中的 256×256 像素，数据量约 200 KB 的图像，也需要数秒的时间进行加密和解密。实际要加密的数据量可能是它的成百上千倍，使用的公钥和私钥中的整数也比程序中设定的大得多。因此，RSA 加密算法其实不适合对大量数据进行加密。

2.3.2　数字签名

1. 用于保证数据正确性的数字签名

RSA 加密的一个实际应用场景是对数据进行"签名"，来保证传输给对方的数据的正确性。其使用场景包括 HTTPS 网络协议下对服务器身份的验证，以及文档、软件安装包和驱动程序的完整性验证。

数据的正确性有以下两方面含义，而数字签名能够确保数据的正确性。

① 数据没有被破坏或篡改（完整性）。

② 数据发送者的身份（真实性）。

2. 使用 RSA 加密进行数字签名的流程

图 2.13 显示了 Alice 向 Bob 发送消息时使用 RSA 加密进行数字签名的流程。

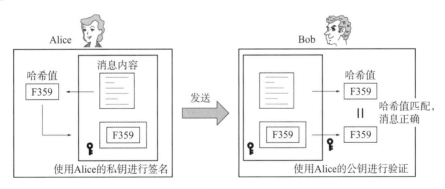

图 2.13　数字签名的流程

Alice 首先计算消息的哈希值（Hash，或称散列值）。哈希值是将原始数据通过一定的计算生成的一种固定长度的数据。通常转换后的数据比原始数据短得多。对于相同的输入数据，其得到的哈希值始终相同；而对于不同的输入数据，得到的哈希值"基本上"不相同。这个特性可以用来保证数据的完整性。"基本上"意味着不同数据得到的哈希值相同的概率极低，但不为零。后文会做出详细解释。

获得哈希值后，Alice 使用事先生成的私钥，用哈希值创建数字签名。签名的创建过程实际上与 RSA 算法中的解密过程相同。对一段明文进行"解密"听上去有点违反常识。这其实利用了 RSA 算法的性质，对一段明文数据，先使用公钥再使用私钥，和先使用私钥再使用公钥，最终都能得到原始的明文（读者可参考 2.2 节延伸阅读 2 中相关的数学推导自行验证）。我们换一种说法，在数字签名的语境下，使用私钥的过程称为"签名"，使用公钥的过程称为"验证"。

接下来，将原始消息及其数字签名一起发送给 Bob。Bob 使用 Alice 发布的公钥验证签名，从中提取哈希值；Bob 也对原始信息进行计算获取哈希值。如果提取和计算得到的哈希值匹配，说明 Alice 拥有正确的私钥，证明发送者就是 Alice 本人（真实性）。

3. 数字签名的伪造方法

将原始消息和篡改后的消息区分以证明数据完整性的手段，是基于不同消息的哈希值不匹配的假设。实际上，这个假设有极低的概率（但不为 0）不成立，因此，理论上数据是有可能被伪造的。

考虑这样一种情形，知名摄影师的数字签名被附加到未经许可的欺诈者伪造的图像上。欺诈者的伪造流程如下：

① 获取一张知名摄影师的照片，并生成大量人类难以区分的略有不同的图像（例如只改变一个或几个像素的颜色）。

② 利用自己伪造的图像，用类似的手法生成大量略有不同的图像。

③ 计算以上所有生成图像的哈希值，从中找到一对哈希值匹配的原始照片修改图和伪造图像修改图，如图 2.14 所示。

④ 将原始照片修改图展示给摄影师本人，并请本人生成数字签名。

⑤ 将这一份数字签名附加到哈希值匹配的伪造图像修改图上。

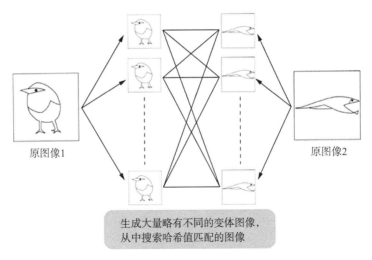

图 2.14　在一系列图像变体中查找哈希值相同的图像

欺诈者通过以上手段为自己伪造的图像获得了著名摄影师的"认证"。由于哈希算法是将长数据压缩成短数据的过程，生成的哈希值长度有限，原则上哈希值相同的情形是不可避免的。为了尽量避免哈希值匹配，需要对哈希值的长度进行设计。

4. 哈希碰撞的概率

我们接下来讨论实际的哈希值长度应该设计为多少。不同数据的哈希值相同的情形称为哈希碰撞。如果能将哈希碰撞的概率降低到现实中难以制造的水平，那么上述欺诈手段就可以被有效预防，从而保证数字签名的安全性。

首先求解哈希碰撞的概率。假设从 H 个元素的集合中提取 n 个元素时出现重复元素的概率不小于 p，那么提取元素的个数 n 的最小值估算如下（详细的推导过程见本节末尾的延伸阅读 2）：

$$n = \sqrt{2H \log \frac{1}{1-p}} \tag{2.20}$$

可以用式 (2.20) 解决经典的"生日问题"：在一个房间中有多少人时，有至少两个人的生日相同的概率超过 50%？"生日问题"中的 $H = 365$，$p = 0.5$，代入上式得到 $n \approx 22.5$，也就是说仅仅需要 23 个人。是不是小得令人感到意外？

类比"生日问题"，式 (2.20) 在密码学领域用作哈希碰撞的评价标准，要求 $p = 0.5$ 时的 n 在现实中足够大。例如，哈希值的长度为 32 位时，$H = 2^{32} = 4294967296$，代入式 (2.20) 解得 $n = 77162$。因此，哈希值长度为 32 位是不够安全的，有机会靠暴力穷举在短时间内产生哈希碰撞。如果哈希值长度增加到 256 位，则解得 $n = 4.0 \times 10^{38}$。直观理解这个量级，使用每秒计算 1 亿次哈希值的计算机，找到一对哈希碰撞的计算时间约为 1.3×10^{23} 年（宇宙的年龄约为 1.4×10^{10} 年），因此可以认为在现实中不存在哈希碰撞的可能。

5. 哈希碰撞的图像查找程序

我们用一个实际的程序演示图 2.14 所示的哈希碰撞，两幅图像的尺寸没有限制。程序 2.8 使用两幅预先准备的图像，考虑到程序运行速度和内存占用方面，代码使用的图像尺寸设为 256 × 256，取名为 fig1.jpg 和 fig2.jpg，格式为 JPEG。读者也可以自行寻找或生成合适的图像进行测试。

程序 2.8 展示了对这两幅图像进行操作，生成哈希值和查找发生哈希碰撞的图像的代码。

程序 2.8 生成哈希值和查找发生哈希碰撞的图像的代码

```
1   import hashlib
2   import math
3   import random
4   import IPython
5   from PIL import Image
6
7   # 计算哈希值的类
8   class Hash:
9       # 指定哈希值长度（单位为 4bit）
10      def __init__(self, length):
11          self.length = length
12
```

```
13    # 计算字节序列的哈希值, 并截取到指定的长度
14    def hash(self, values):
15        return hashlib.md5(values).hexdigest()
              [-self.length:]
16
17    # 计算 Image 对象的图像数据部分对应的哈希值
18    def hash_image(self, image):
19        return self.hash(image.tobytes())
20
21 # 对给定图像随机修改某个像素值, 生成略有不同的变体图像
22 def generate(img, n):
23     w, h = img.size
24     images = []
25     for _ in range(n):
26         new_img = img.copy()
27         x = random.randrange(0, w - 1)
28         y = random.randrange(0, h - 1)
29         new_img.putpixel((x, y), (0, 255, 0))
30         images.append((new_img, (x, y)))
31     return images
32
33 length = 5
34 hasher = Hash(length)
35 print("maximum space = {}".format(2 ** (length * 4)))
36
37 # 打开两个图像文件
38 img1 = Image.open("fig1.jpg")
39 print("image1: hash =
       {}".format(hasher.hash_image(img1)))
```

```
40
41  img2 = Image.open("fig2.jpg")
42  print("image2: hash =
        {}".format(hasher.hash_image(img2)))
43
44  # 决定生成的变体图像数量
45  nimg = math.ceil(1.1774 * math.sqrt(2 ** (length * 4)))
46  print("generate {} images".format(nimg))
47
48  # 迭代 10 次，尝试寻找存在哈希碰撞的图像变体
49  for i in range(10):
50      print("iteration {}".format(i))
51      # 为两幅图像分别生成变体
52      variation1 = generate(img1, nimg)
53      variation2 = generate(img2, nimg)
54
55      # 计算每个变体图像的哈希值
56      hv1 = {hasher.hash_image(e[0]): e for e in variation1}
57      hv2 = {hasher.hash_image(e[0]): e for e in variation2}
58      print("valid images: variation1 = {}, variation2 =
            {}".format(len(hv1), len(hv2)))
59
60      # 搜索哈希值相同的图像
61      intersection = set(hv1.keys()) & set(hv2.keys())
62      if intersection:
63          print("found hash value =
                {}".format(intersection))
64          # 如果有多个可选的哈希值，任选一个即可
65          sample = intersection.pop()
```

```
66          # 显示哈希值对应的图像和图中修改的像素位置
67          print("image 1: hash = {}, point =
                    {}".format(sample, hv1[sample][1]))
68          IPython.display.display(hv1[sample][0])
69          hv1[sample][0].save("modified-fig1.png")
70          hv1[sample][0].save("modified-fig1.jpg")
71          print("image 2: hash = {}, point =
                    {}".format(sample, hv2[sample][1]))
72          IPython.display.display(hv2[sample][0])
73          hv2[sample][0].save("modified-fig2.png")
74          hv2[sample][0].save("modified-fig2.jpg")
75          break
76      else:
77          print("not found")
```

下面解释程序 2.8 中的关键步骤。

• 第 8~19 行

```
8  class Hash:
9      # 指定哈希值长度（单位为 4bit）
10     def __init__(self, length):
11         self.length = length
12
13     # 计算字节序列的哈希值，并截取到指定的长度
14     def hash(self, values):
15         return hashlib.md5(values).hexdigest()
                   [-self.length:]
16
17     # 计算 Image 对象的图像数据部分对应的哈希值
18     def hash_image(self, image):
```

```
19          return self.hash(image.tobytes())
```

定义计算哈希值的类，其中使用了 MD5 算法，给出的哈希值为 128bit（16字节），直接用来实验的话，成功率低，时间开销也过大，所以截取其中的后半段，作为程序 2.8 使用的哈希值。

核心代码是第 15 行，首先调用 hashlib 库的 md5() 函数计算 MD5 哈希值，然后用 hexdigest() 方法转化成十六进制的字符串，最后使用 [-self.length:] 索引截取字符串后半段长度为 length 的字符串。

- 第 22~31 行

```
22 def generate(img, n):
23     w, h = img.size
24     images = []
25     for _ in range(n):
26         new_img = img.copy()
27         x = random.randrange(0, w - 1)
28         y = random.randrange(0, h - 1)
29         new_img.putpixel((x, y), (0, 255, 0))
30         images.append((new_img, (x, y)))
31     return images
```

定义从给定图像中生成 n 幅变体图像的函数。首先生成随机的坐标值 (x, y)，然后在第 29 行用颜色代码中的绿色（0,255,0）替换 (x, y) 点像素原来的颜色。函数返回一个元组的列表，每个元组既包含图像数据，又包含 (x, y) 坐标的值。

- 第 33 行

```
33 length = 5
```

指定哈希值的长度。本实验中，length = 5 相当于哈希值为 20bit。

- 第 45 行

```
45 nimg = math.ceil(1.1774 * math.sqrt(2 ** (length * 4)))
```

根据式 (2.20) 决定需要生成的图像数量。系数 1.1174 是公式中 $p = 0.5$ 时对应的系数 $\sqrt{2\log 2}$ 的值。

- 第 49~77 行

```
49 for i in range(10):
50     print("iteration {}".format(i))
51     # 为两幅图像分别生成变体
52     variation1 = generate(img1, nimg)
53     variation2 = generate(img2, nimg)
54
55     # 计算每个变体图像的哈希值
56     hv1 = {hasher.hash_image(e[0]): e for e in variation1}
57     hv2 = {hasher.hash_image(e[0]): e for e in variation2}
58     print("valid images: variation1 = {}, variation2 =
            {}".format(len(hv1), len(hv2)))
59
60     # 搜索哈希值相同的图像
61     intersection = set(hv1.keys()) & set(hv2.keys())
62     if intersection:
63         print("found hash value =
                {}".format(intersection))
64         # 如果有多个可选的哈希值，任选一个即可
65         sample = intersection.pop()
66         # 显示哈希值对应的图像和图中修改的像素位置
67         print("image 1: hash = {}, point =
                {}".format(sample, hv1[sample][1]))
68         IPython.display.display(hv1[sample][0])
```

```
69          hv1[sample][0].save("modified-fig1.png")
70          hv1[sample][0].save("modified-fig1.jpg")
71          print("image 2: hash = {}, point =
                {}".format(sample, hv2[sample][1]))
72          IPython.display.display(hv2[sample][0])
73          hv2[sample][0].save("modified-fig2.png")
74          hv2[sample][0].save("modified-fig2.jpg")
75          break
76      else:
77          print("not found")
```

为生成的两组变体图像查找哈希值匹配的结果。每组变体图像用字典存储，以哈希值作为字典的键。generate() 函数可能会生成像素位置一样的变体图像，而字典的存储方式则会过滤掉这种相同的情况。第 61 行使用 Python 的集合（set）类型变量，并通过集合的交集运算来查找哈希值匹配的元素。当找到匹配的图像时，图像和修改的点信息显示在屏幕上，同时将变体图像命名为 modified-fig1/fig2.png（或.jpg）储存下来。

6. 运行结果

图 2.15 显示了程序 2.8 的运行结果。由于每次运行都会随机生成变体图像，读者自行运行的结果可能会略有不同。

如图 2.15 所示，某一次运行时，从两组变体图像中找到了哈希值相同（700fa）的两幅图，尽管图的内容差异巨大。在印刷品上，两幅图和原图的差异极难被发现。如果在计算机上打开生成的 PNG 格式图像并放大，随机生成的绿色像素点则一目了然，如图 2.16(a) 所示。

如果查看的是 JPEG 格式图像，有可能难以发现变化的像素，如图 2.16(b) 所示。这是由于存储为 JPEG 的过程中进行了有损的数据压缩，使得绿色像素和其他像素之间的差异被弱化。相比而言，PNG 是一种无损压缩格式，一般能够忠实获得所有的像素。

```
maximum space = 1048576  所有可能取到的哈希值总数
image1: hash = 20613      两幅图像的原始哈希值
image2: hash = 1d88e
generate 1206 images      哈希碰撞需要的图像数量
iteration 0
valid images: variation1 = 1195, variation2 = 1192  每组变体中
found hash value = {'700fa'}                          哈希值不同的图像数
image 1: hash = 700fa, point = (175, 20)
```

图像1的变体、哈希值和
发生变化的像素位置坐标

```
image 2: hash = 700fa, point = (91, 235)
```

图像2的变体、哈希值和
发生变化的像素位置坐标

图 2.15　哈希碰撞实验的结果

(a)PNG格式放大效果　　　　　　(b)JPEG格式放大效果

图 2.16　图像 2 的变体局部放大图像

最后值得一提的是，程序 2.8 计算哈希值的对象是图像数据，而非生成的图像文件本身。所以生成的图像在储存为 PNG 或 JPEG 格式后可能会得到完全不同的哈希值。读者不妨尝试修改代码，将变体图像先存为文件再计算哈希值，测试一下更加接近真实的"哈希碰撞"。

延伸阅读 1 五边形/五角星背后的数学

绘制五角星，可以先绘制圆内接正五边形，再连接对角线相交得到正五角星。但在计算机中绘制五角星，最方便的办法是求出两个同心圆上的正五边形顶点坐标，然后将顶点顺次连接，如图 2.17 所示。这就要求我们先求出圆的半径和正五边形边长之间的关系。

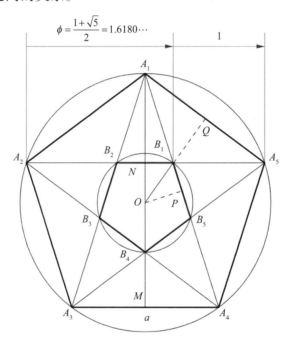

图 2.17 正五边形和正五角星的相关几何关系

假设外部正五边形的边长为 a，利用图 2.17 中的三角形 OA_1Q、OA_1P 和 OB_1P 可求得

$$r_1 = OA_1 = \frac{a}{2\sin \pi/5} = \sqrt{\frac{5+\sqrt{5}}{10}}\,a \tag{2.21}$$

$$r_2 = OB_1 = \frac{r_1 \sin \pi/10}{\cos \pi/5} = \frac{3 - \sqrt{5}}{2} r_1 \tag{2.22}$$

如果不用外接圆，也可以通过计算一些"骨架"的长度来定位正五边形和正五角星的顶点：

$$MN = a \cos(\pi/10) \approx 0.95a \tag{2.23}$$

$$NA_1 = \frac{\sqrt{5} - 1}{2} MN \approx 0.59a \tag{2.24}$$

$$NA_2 = NA_5 = \frac{\sqrt{5} + 1}{4} a \approx 0.81a \tag{2.25}$$

劳动人民在生产实践过程中总结出了"九五顶五九，八一两边分"的口诀，意思是取近似值 $MN \approx 0.95a$，$NA_1 \approx 0.59a$，$NA_2 = NA_5 \approx 0.81a$。这样的取法已经能够很好地近似绘制一个正五边形了。

当然，正五边形和正五角星最吸引人的地方，当属无处不在的黄金分割比。如图 2.17 所示，沿着正五边形的一条对角线 A_2A_5，五角星上的交点 B_1 和 B_2 将线段分割，有 $A_2B_1 / B_1A_5 = A_2B_2 / B_1B_2 = \phi = (1 + \sqrt{5})/2 = 1.6180 \cdots$ 称为黄金分割比 [也有习惯上称 $1/\phi = (\sqrt{5} - 1)/2 = 0.6180 \cdots$ 为黄金分割比]。如果矩形的长和宽之比接近 ϕ，会令人感到美观。例如中国、日本等地的名片尺寸规格为 $90 \times 54\text{mm} \Leftrightarrow 1.6667 : 1$、$91 \times 55\text{mm} \Leftrightarrow 1.6545 : 1$ 等，都是比较接近 ϕ 的比例。

顺便回顾一下前面讲过的辗转相除法。当时提到当两个整数 a 和 b 是斐波那契数列中的相邻两项时，需要的迭代步数最大。不妨在此列出这个数列：1，1，2，3，5，8，13，21，34，55⋯ 如果我们将相邻两数之比也作为数列写出来：1/1，2/1，3/2，5/3，8/5⋯ 可以发现这个数列会逐渐收敛到 ϕ 上。换个角度，逆序观察这个数列，就是辗转相除法的每一步中矩形的长宽比，如图 2.18 所示。把其他情形下的长宽比也列出来的话，会很快变化到一个整数上，从而终止辗转相除法的迭代过程；而斐波那契数列的性质使得长宽比能够维持在 ϕ 附近很久，因此迭代次数最大。

五边形/五角星和辗转相除法，看似无关的两个问题，却因为黄金分割数 ϕ 而关联起来，让人不禁感叹数学的神秘和奇妙。

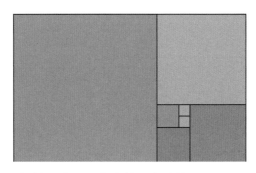

图 2.18 辗转相除法迭代次数最大的情形（21:13，5次）

延伸阅读 2 哈希碰撞概率的计算

当从一组有 H 个元素的集合中随机选取 n 次时，设至少有一个元素被重复选取的概率为 p。与之相对地，$1-p$ 为从 H 个元素中依次选到 n 个不同元素的概率，于是有

$$
\begin{aligned}
p &= 1 - \frac{H(H-1)(H-2)\cdots(H-n+1)}{H^n} \\
&= 1 - \left(1-\frac{1}{H}\right)\left(1-\frac{2}{H}\right)\cdots\left(1-\frac{n-1}{H}\right)
\end{aligned}
\tag{2.26}
$$

当集合的规模 H 足够大（$H \gg n$）时，回顾指数函数泰勒展开的表达式 $e^x = 1 + x + x^2/2! + x^3/3! + \cdots$ 我们使用一阶近似形式 $e^x \approx 1+x$，代入 $x = -a/H\ (a=1,2,\cdots,n-1)$，式 (2.26) 将化简为

$$
\begin{aligned}
p &\approx 1 - e^{-1/H}e^{-2/H}\cdots e^{-(n-1)/H} = 1 - e^{-(1+2+\cdots+n-1)H} \\
&= 1 - e^{-n(n-1)/2H} \approx 1 - e^{-n^2/2H}
\end{aligned}
\tag{2.27}
$$

从式 (2.27) 中解出 n，就得到 $n = \sqrt{2H\log\dfrac{1}{1-p}}$，也就是所求的"从 H 个元素的集合中提取若干个元素，当重复的概率不小于 p 时，需要提取的元素数量的最小值"。

第**3**章
通过微分方程描述自然

本章，我们将回顾一些高中和大学本科接触过的物理学和生物学知识，尝试以 Python 作为工具对其进行数学建模，以此来了解和熟悉微分方程的数值解法这一强大的数学工具。

Python 在本章扮演数值运算和可视化的工具。事实上，本书一以贯之的风格就是，学习编程应该不仅限于编程本身，而是将程序作为解决问题的利器。请读者部署好自己的 Python 环境，开始我们的探索。

本章将使用一些经典的 Python 数学工具，除前面两章已经用到的数值计算库 NumPy、可视化工具库 Matplotlib 以外，还包括数据分析工具库 pandas。读者可使用 pip 或 conda 等命令安装这些 Python 库。编写和运行本章的代码时，请读者参照程序 3.1，在代码的开头调用相应的 Python 库。

程序 3.1　本章调用的 Python 库

```
1 import numpy as np
2 import pandas as pd
3 import matplotlib.pyplot as plt
```

3.1　种群规模随时间演化的模拟

3.1.1　生态学的概念

在人类生存和生活的环境周围，存在植物、昆虫、鱼类、鸟类、哺乳动物、真菌等各种各样的生物。例如，柑橘凤蝶（*Papilio xuthus*）在幼虫阶段以柑橘类植物的叶子为食物，而在成虫阶段则通过吸食各种花蜜获取能量，同时它也是鸟类和其他动物的食物。这种植物–昆虫–鸟类和其他动物的捕食关系构成了一条简单的食物链，如图 3.1(a) 所示。

生物种群自身的生活方式和习性，连同各个种群之间、种群和外界环境之间的相互作用，构成了生态学这一学术领域的研究对象，也被称为生态系统，其模式如图 3.1(b) 所示。

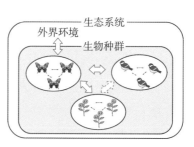

(a) 以金字塔表示的食物链　　　(b) 生物种群之间以及和环境的关系

图 3.1　生态系统的模式示意图

当今，大家把"不对环境造成负担"的事物称为"生态友好的"。但是生态学的根本意义在于将人类的价值观去除，以此为前提来把握生物之间的关系。

为了了解生物的特征、生活习性以及其和生态环境之间的互动，到野外实地考察生物个体的觅食、求偶、防御等行为是重要的研究手段之一。与此同时，掌握生物种群的数量信息，对生态学研究而言也是必不可少的。这是因为，种群规模及其随时间的变化提供了厘清生态系统中种群内、种群间、种群和环境相互作用（例如捕食和被捕食的关系）所需的基本信息。

种群规模及其随时间的变化用数学建模来表达再合适不过。相比之下，诸如凤蝶用口器吸食花蜜等生物个体的行为就很难用数学建模来研究。因此，本文将生态系统中的种群规模及其随时间的演化作为研究对象，考虑如何利用 Python 对其进行数学建模。

3.1.2　种群规模建模的经典案例

老鼠作为对人类生活影响较大的种群，因其繁殖力强、破坏大，常常被拿来作为建模的典型。例如，"有一对老鼠（一公一母）每月可产下 12 只幼崽。为简化模型，假设这 12 只刚好是 6 只公崽、6 只母崽，按一公一母组成一对，一共

6 对。每一对老鼠经过一个月的生长，在下个月一同交配，可产下 12 只新的幼崽，也是 6 只公崽、6 只母崽。另外再假设所有老鼠的寿命足够长，并且每个月都能够交配并生育幼崽。那么经过一年时间，这个种群将有多少只老鼠？"

问题的答案不难，大致是中学数学的水平。每对老鼠每个月可以产下 6 对老鼠，那么每个月老鼠种群的数量将是上个月的 7 倍。因此，经过一年时间，老鼠的种群规模将从初始的 2 只达到 $2 \times 7^{12} = 27\,682\,574\,402$ 只！

我们将这个问题进一步模型化：设月份为 t，种群规模为 y，则有

$$y = 2 \times 7^t \tag{3.1}$$

程序 3.2 给出了用 Python 计算上述种群规模模型并进行绘图的代码。

程序 3.2　老鼠种群规模随时间变化的计算和图示代码

```
1  import numpy as np
2  import matplotlib.pyplot as plt
3
4  t = [] # 存放时间点（月份）的列表
5  y = [] # 存放种群数量的列表
6
7  for t_i in range(1,13): # 用循环来计算等比数列
8      y_i = 2 * (7 ** t_i) # 第 i 个时间点的种群数量
9      t.append(t_i)
10     y.append(y_i)
11
12 print("t(月份): ", t)
13 print("y(数量): ", y)
14
15 # 离散变量的连续化，用于绘制指数函数
16 t_cont = np.linspace(1, 12.1)
17 y_cont = 2 * (7 ** t_cont)
```

```
18
19  # 使用中文字体显示标题，用户可视情况改成本机安装的字体
20  plt.rcParams["font.family"] = ["Microsoft YaHei",
        "sans-serif"]
21
22  fig, axes = plt.subplots(1, 2, figsize = (10, 3.5))
23  axes[0].plot(t, y, "b*", label = "离散变量")
24  axes[0].plot(t_cont, y_cont, "r--", label = "连续变量")
25  axes[0].grid(True)
26  axes[0].set_xticks(range(1, 13, 1))
27  axes[0].set_xlabel("月  份")
28  axes[0].set_ylabel("种群数量")
29  axes[0].set_title("线性坐标下种群数量随时间的变化")
30  axes[0].legend()
31
32  axes[1].plot(t, y, "b*", label = "离散变量")
33  axes[1].plot(t_cont, y_cont, "r--", label = "连续变量")
34  axes[1].grid(True)
35  axes[1].set_xticks(range(1, 13, 1))
36  axes[1].set_xlabel("月  份")
37  axes[1].set_ylabel("种群数量")
38  axes[1].set_title("对数坐标下种群数量随时间的变化")
39  axes[1].set_yscale("log")
40  axes[1].legend()
41
42  plt.show()
```

以下解释程序 3.2 中的关键部分。

- 第 7~10 行

```
7  for t_i in range(1,13): # 用循环来计算等比数列
8      y_i = 2 * (7 ** t_i) # 第 i 个时间点的种群数量
9      t.append(t_i)
10     y.append(y_i)
```

用 range 函数生成时间点的序列，并代入模型 $y = 2 \times 7^t$ 中进行计算，然后将计算结果填入 Python 列表中。这样不仅得到种群一年后的数量，也给出了过程中各个时间点对应种群数量。range 函数中的时间序列从 1 开始选取。计算结果由第 12、13 行的两个 print 函数输出，供读者检验程序的正确性。

- 第 16、17 行

```
16  t_cont = np.linspace(1, 12.1)
17  y_cont = 2 * (7 ** t_cont)
```

通过 NumPy 模块的 linspace 函数，将时间点从整数点扩展到更细致的采样点，给出模型 $y = 2 \times 7^t$ 的平滑曲线。我们将在稍后详细讨论这样做的意义。

- 第 20 行

```
20  plt.rcParams["font.family"] = ["Microsoft YaHei",
        "sans-serif"]
```

调用 matplotlib.pyplot 模块（别名 plt）中的 rcParams 对象。该对象是一个类似 Python 字典的对象，存储绘图所需的全局设置。程序 3.2 中需要在标题和图例等位置使用汉字，所以要按照以上写法配置中文字体（此处使用 Windows 提供的字体，其他系统下读者可自行调整），否则程序会发出警告，同时可能出现乱码或者汉字不全等问题。

- 第 22 行

```
22  fig, axes = plt.subplots(1, 2, figsize = (10, 3.5))
```

在此简要概括 Matplotlib 中的一些概念和对象。在基本用法中，一幅图是一个 figure，在 figure 中可以按照网格划分若干个子图，称为 axes。Matplotlib 中有很多划分子图的办法，比如第 22 行等价于以下代码：

```
fig = plt.figure()
axes = fig.subplots(1, 2, figsize = (10, 3.5))
```

subplots() 函数中的参数表示这个 figure 包含 1 行 2 列两个子图。因此，返回的 axes 是一个包含 2 个子图对象的 NumPy 数组。通过索引引用每个 axes 对象，即可在各个子图中绘图，修改子图的坐标轴、标题等属性，也就是第 23 行以后的内容。

运行程序 3.2，首先由第 12、13 行的两个 print 语句输出以下结果：

```
t(月份): [1, 2, 3, 4, 5, 6, 7, 8, 9, 10, 11, 12]
y(数量): [14, 98, 686, 4802, 33614, 235298, 1647086,
    11529602, 80707214, 564950498, 3954653486,
    27682574402]
```

然后分别用线性坐标和对数坐标绘制种群数量随时间的变化结果，如图 3.2 所示。

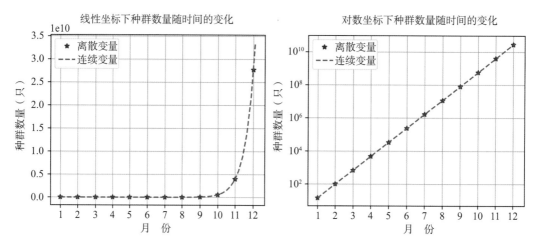

图 3.2   老鼠种群数量随时间的变化示意图

在图 3.2 中，蓝色星号为使用离散变量计算的结果，每个月一个样本点；相应地，红色虚线为采样点细化后计算得到的"连续"变化的结果，反映了模型 $y = 2 \times 7^t$ 作为指数函数的性质。图 3.2 右图的 y 轴改为对数坐标，所以图像呈一条直线。

让我们回到模型函数 $y = 2 \times 7^t$ 上来，此时 t 被看作连续的自变量。将 y 对 t 求导得到

$$\frac{\mathrm{d}y}{\mathrm{d}t} = \ln 7 \times (2 \times 7^t) = \ln 7 \times y \tag{3.2}$$

这里体现了"指数函数的导数与自身成正比"这一性质。从 y 的角度来看，其变化率与 y 自身的取值成正比，y 越大，其相对时间的变化率也就越大：

$$\frac{\mathrm{d}y}{\mathrm{d}t} \Big/ y = \ln 7 \tag{3.3}$$

这也给我们提供了另一种观察对数坐标下图像的思路。由于对数坐标使用以 10 为底的对数，我们将式 (3.3) 进行一些变换：

$$\frac{\mathrm{d}y}{\mathrm{d}t} \Big/ y = \frac{\mathrm{d}\ln y}{\mathrm{d}t} = \frac{1}{\log_{10} e} \frac{\mathrm{d}\log_{10} y}{\mathrm{d}t} = \ln 10 \frac{\mathrm{d}\log_{10} y}{\mathrm{d}t} = \ln 7 \tag{3.4}$$

因此，图像在对数坐标系中的斜率是 $\mathrm{d}\log_{10} y / \mathrm{d}t = \ln 7 / \ln 10 = \log_{10} 7 \approx 0.845$。

有些读者到这里可能会疑惑：种群数量明明一个月增长了 7 倍，为什么这个变化率是 $\ln 7$，大约只有 1.95 倍？这就是将模型的离散变量作连续化处理时要注意的地方。这里的 $\ln 7$，指的是连续变量在某个时刻附近的一个"瞬时"的变化量（微分），而不是一个明确的时间段内（如一个月内）累积的变化量。后者应该用以下积分来表述：

$$y(t+1) = y(t) + \int_t^{t+1} \frac{\mathrm{d}y}{\mathrm{d}t} \mathrm{d}t = y(t) + \ln 7 \int_t^{t+1} y \mathrm{d}t \tag{3.5}$$

理解"瞬时变化"的概念，对包括生态学在内的概念进行数学建模十分重要。事实上，前面的例子是一个极度简化的模型，把老鼠种群的数量变化用每个月的离散数据表示，实际的生态系统中，种群数量变化的影响因素包括个体的出

生、死亡、捕食和被捕食等，每时每刻都会对种群数量产生影响。因此，将种群数量看作连续变化的变量，并把瞬时变化的概念用于其中，能够更准确地对生态系统进行描述和建模，并且能够更好地利用微分方程这一数学工具。

3.1.3 种群规模演化的 Lotka-Volterra 方程

1. 以两种动物的捕获数量为例

美国生物学家尤金·奥德姆（Eugene P. Odum）在其著作《生态学基础》（*Fundamentals of Ecology*）中介绍了一个经典案例——加拿大的毛皮贸易商哈德逊湾公司（HBC, Hudsun's Bay Company）记录了较长一段时间内捕获的两种动物的数量变化，分别是白靴兔和加拿大猞猁，如图 3.3 所示。

图 3.3   哈德逊湾公司捕获的两种动物——白靴兔（左）和加拿大猞猁（右）

这份来自于 20 世纪 30 年代的商业贸易数据，成为生态学中的经典案例，被广泛用于描述种群相互作用的关系。这个案例的数据被整理在 http://people.whitman.edu/~hundledr/courses/M250F03/LynxHare.txt，格式为 txt。

我们利用 pandas 库获取这份数据并绘制图像，见程序 3.3。pandas 库的 `read_csv` 函数可从计算机上或互联网获取数据。用户可将网站上公开的数据下载到本地，并用本地的文件位置代替 URL，传给 `read_csv` 函数供其读取。

程序 3.3   两种动物捕获数量随时间变化的数据图示代码

```
1  import pandas as pd
2  import matplotlib.pyplot as plt
3
```

```
4  plt.rcParams["font.family"] = ["Microsoft YaHei",
       "sans-serif"]

5

6  # 获取数据
7  url = 'http://people.whitman.edu/~hundledr/courses/
       M250F03/LynxHare.txt'

8

9  df = pd.read_csv(url, delim_whitespace = True, header =
       None, index_col = 0)

10

11 # 利用DataFrame对象作图
12 df.index.name = "年　份"
13 df.columns = ["白靴兔", "加拿大猞猁"]
14 df.plot.line(
15     style = ['r', 'b--'],
16     grid = True,
17     legend = True,
18     xticks = range(1840, 1940, 10),
19     ylabel = "捕获数量 ($\times 10^3$只)",
20     title = "白靴兔和加拿大猞猁的捕获数量随时间的变化"
21 )
```

运行程序 3.3 生成的图像如图 3.4 所示。

从图 3.4 可以看出，两种动物的捕获数量都存在一个以 10 年为周期的波动，仔细观察还可以看出，红色实线代表的白靴兔数量波动领先于蓝色虚线代表的猞猁数量波动，虽然并非每个周期都能严格对应。

这份数据是捕获数量，并不代表总的种群规模。我们可以做这样一个假设，在控制捕获手段的条件下，捕获数量占总的种群数量的比例可以认为是近似不变的，因此从捕获数量及其变化中能够估计物种的种群规模及其变化。生态学实验中的"标记重捕法"就借助了这样的假设，先捕获一定数量的生物，对它们进

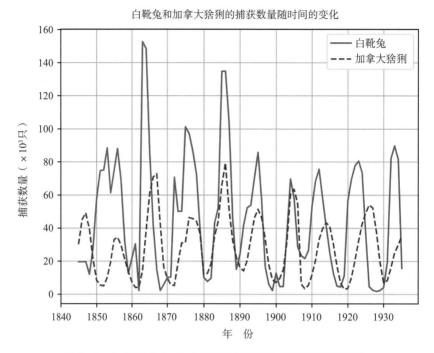

图 3.4   白靴兔和加拿大猞猁的捕获数量随时间的变化

行标记后放归，经过一段时间后，估计标记已经均匀分布在整个种群内，再次捕获生物，通过标记占捕获总数的比例估计整个种群的规模。在本例中，数据记录的捕获数量的准周期性变化，反映了作为捕食者的猞猁种群规模略微滞后地跟随作为被捕食者的白靴兔种群规模。

2. 用微分方程组描述捕食者-被捕食者关系

为了给以上数据记录的现象进行建模，我们着手建立描述捕食者与被捕食者关系的微分方程组，尝试将周期性和滞后性两个特征反映出来。

1) 线性假设

建模方式与之前的老鼠模型类似，基于一个重要的假设——线性假设。以生态学中的物种规模为对象，线性假设的含义大致可以理解为，如果物种 A 和 B 遵循相同的变化规律（微分方程组），并且二者之间相互独立，不存在直接或间接的关系（耦合），那么它们的总和 $A + B$ 遵循同样的变化规律。

2) 不考虑捕食者-被捕食者关系时两个种群数量变化的微分方程组

设 t 时刻白靴兔和加拿大猞猁两个种群的规模分别为 $x(t)$ 和 $y(t)$，都是关于 t 的函数。首先，在忽略捕食者-被捕食者关系时，两个种群视为相互独立的种群，它们的数量变化类似于之前的老鼠种群，满足以下微分方程组：

$$\frac{\mathrm{d}x}{\mathrm{d}t} = px, \qquad \frac{\mathrm{d}y}{\mathrm{d}t} = -sy \tag{3.6}$$

其中，p 和 s 为正的常数。

这组微分方程反映的种群数量变化特征是，兔子种群食物充足，没有捕食者，因此会像老鼠一样快速繁殖，增长率同种群规模成正比；而猞猁在缺乏食物来源时种群规模会缩减，缩减率也同种群规模成正比。

3) 考虑捕食者-被捕食者关系时两个种群数量变化的微分方程组

从生态学角度来看，一方面，两只猞猁捕食兔子的成功概率可以近似看作一只猞猁的两倍，因此兔子因为被猞猁捕食而数量减少的速率同猞猁的数量成正比；另一方面，猞猁在食物充足的情况下繁殖率应当更高，可以认为猞猁数量因捕食兔子而增加的速率同兔子的数量成正比。

根据以上讨论，我们引入两个正的比例系数 q 和 r 来描述捕食者-被捕食者关系，将微分方程组 (3.6) 改进如下：

$$\frac{\mathrm{d}x}{\mathrm{d}t} = px - qy, \qquad \frac{\mathrm{d}y}{\mathrm{d}t} = rx - sy \tag{3.7}$$

4) 捕食者-被捕食者关系的系数修正

我们进一步修正这个模型。考虑到兔子的数量越少，猞猁遇到它们的机会就越小，因此兔子被吃掉的概率不仅与猞猁的数量成正比，也与兔子的数量成正比。兔子因为被猞猁捕食而数量减少的速率，不仅包含固定的比例系数 q，还应该包含兔子的数量 x。猞猁数量因捕食兔子而增加的速率同理。

根据以上讨论，我们进一步修正微分方程组 (3.7)，得到

$$\frac{\mathrm{d}x}{\mathrm{d}t} = px - qxy, \qquad \frac{\mathrm{d}y}{\mathrm{d}t} = rxy - sy \tag{3.8}$$

这个微分方程组称为 Lotka-Volterra 方程组，以发现者美国数学家阿尔弗雷德·洛特卡（Alfred J. Lotka）和意大利数学家维多·沃尔泰拉（Vito Volterra）命名，如图 3.5 所示。他们二人在为生态学进行数学建模的工作上做出奠基性的贡献。

（a）阿尔弗雷德·洛特卡（1880–1949），美国数学家，出生于奥匈帝国利沃夫（今乌克兰），于 1910 年建立 Lotka-Volterra 方程组的原型，用来描述化学反应系统的模型

（b）维多·沃尔泰拉（1860–1940），来自意大利安科纳的数学家，于 1926 年发展了 Lotka-Volterra 方程组，用于描述海洋生物（小型鱼类、鲨鱼等）的波动现象

图 3.5　Lotka-Volterra 方程组的两位建立者

5）生态系统容纳量的因素

至此我们介绍了著名的 Lotka-Volterra 方程组。需要补充的一点是，即使没有猞猁或者其他捕食者，兔子的种群规模受到生态系统其他因素的限制，如食物、领地等，并不会像前文的老鼠模型所描述的那样按指数规律无限增加。比如，一旦吃光了所有草，兔子的数量就不能进一步增加了。

考虑生态系统容纳量的模型可以用 Logistic 模型描述，其中 k 是正的常数：

$$\frac{\mathrm{d}x}{\mathrm{d}t} = px\left(1 - \frac{x}{k}\right) \tag{3.9}$$

Lotka-Volterra 方程组也可以通过加入容纳量的因素进行修正，比如：

$$\frac{\mathrm{d}x}{\mathrm{d}t} = px\left(1 - \frac{x}{k}\right) - qxy \tag{3.10}$$

接下来的研究，我们将回到标准的 Lotka-Volterra 方程组。介绍这一部分内容的目的是告诉读者数学建模就是类似这样的过程，需要一步步地进行改进和修正。

3.1.4　求解 Lotka-Volterra 方程组

我们已经建立了微分方程组，接下来需要验证方程组的解 $x(t)$ 和 $y(t)$ 是否能够反映数据中记录的波动性质。无论模型在建立时多么有说服力，如果不能很好地符合现象，那么它就不是一个可以接受的模型。

1. 利用数值计算方法求解 Lotka-Volterra 方程组

我们遇到的第一个麻烦是，包括 Lotka-Volterra 方程组在内的大多数微分方程（组）实际上都是无法求解的。并不是说它们没有解，而是没有解析解，也就是说我们无法用已知的函数表示这个解。如图 3.6 所示，根据解析解的存在性等性质，可将微分方程（组）进行分类。其中，包括 Lotka-Volterra 方程组在内的许多微分方程组都没有解析解，只能通过数值计算的方式求解。

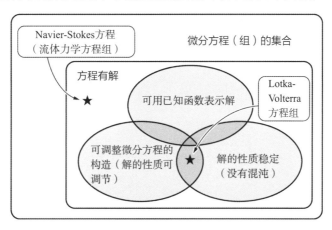

图 3.6　微分方程组按性质分类

2. 微分方程的数值计算方法——正向欧拉法

数值计算有几种典型的方法，它们对于大多数微分方程都是通用的，了解它们的原理和实现方法将为探索数学世界提供一个强有力的手段。本节我们将初步应用基础的数值方法——正向欧拉法来求解 Lotka-Volterra 方程组，后面的章节将详细讲解其原理和实现方法。

程序 3.4 给出了使用正向欧拉法求解 Lotka-Volterra 方程组的代码，其运行结果如图 3.7 所示。

程序 **3.4**　使用正向欧拉法求解 Lokta-Volterra 方程组并绘图

```python
import numpy as np
import matplotlib.pyplot as plt

plt.rcParams["font.family"] = ["Microsoft YaHei",
    "sans-serif"]

# 设定系数
a, b, c, d = 0.8, 0.03, 0.02, 0.8

# 设定 x 和 y 的初始值
init_x = 50
init_y = 10

# 算法的步长、t 的初始值和终止值
h = 0.001
t_min = 1845
t_max = 1935
# 算法的步数
n = int((t_max - t_min) / h)

# 初始化算法结果的数组 x 和 y
x = np.zeros(n)
x[0] = init_x
y = np.zeros(n)
y[0] = init_y

# 正向欧拉法
for i in range(1, n):
```

```
28      x[i] = (a - b * y[i-1]) * x[i-1] * h + x[i-1]
29      y[i] = (c * x[i-1] - d) * y[i-1] * h + y[i-1]
30
31  # 生成绘图横轴的时间序列数组 t
32  t = np.arange(t_min, t_max, h)
33
34  plt.plot(t, x, "r", label = "白靴兔")
35  plt.plot(t, y, "b--", label = "加拿大猞猁")
36  plt.title("白靴兔和加拿大猞猁种群数量的模拟")
37  plt.xlabel("年    份")
38  plt.ylabel("种群规模 ($\times 10^3$ 只)")
39  plt.xticks(range(1840, 1940, 10))
40  plt.ylim(0,160)
41  plt.grid("True")
42  plt.legend()
43  plt.show()
```

从图 3.7 显示的求解结果可以看出，猞猁种群的规模随着兔子种群规模的增减而增减，并且在时间上有 3 年左右的延迟。这证明了，Lotka-Volterra 方程组虽然是一个形式简单的模型，但它很好地概括了捕食者-被捕食者之间的关系，模型的数值结果从定性上很好地符合了实际数据的变化规律。

3.1.5　数值模型正确性的相关讨论

至此，我们完成了微分方程在生态学领域的一个实际应用。作为本节的总结，我们进行一些方法论上的讨论。

1. 微分方程解的"正确性"判据

数学建模的目的是通过建立和逐步改善模型，最终达到或接近能够正确描述自然现象的模型。而自然现象的直观结果就是观测和实验得到的数据。因此，数学模型中微分方程的解的正确性，其首要判据就是是否符合数据。例如，本节的 Lotka-Volterra 方程组，它的解在定性上很好地描述了准周期性和延后性两个性质，与收集到的数据高度吻合，其正确性得到肯定。

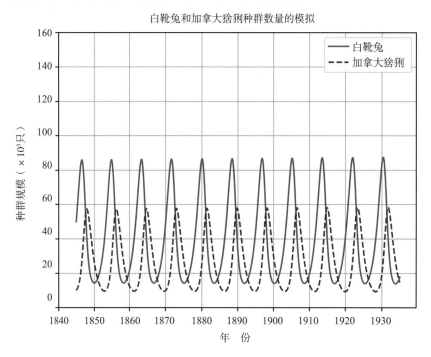

图 3.7 Lotka-Volterra 方程组的求解结果

2. "正确性"与"绝对正确性"的区别

但是，一个模型和数据吻合，距离该模型的"绝对正确性"尚有一段距离。另外也不排除有其他模型能够更好地解释数据的可能。例如，本节关于兔子和猞猁的数据，也许会有人以三角函数为基础，通过傅里叶分析或其他手段找到更好的模型。

数学模型是无穷无尽的，自然规律也可能受到超出预估范围的因素的支配。一般的数学模型应该考虑主要因素，忽略次要因素。仍然以兔子和猞猁的数据为例，虽然用 Lokta-Volterra 方程组能够很好地解释它的准周期性和延后性，但兔子数据的波动幅度还有着像 1860 年和 1890 年这样的异常峰值，这是否能够用气候、人为因素或其他因素解释？由此看来，数学模型想要做到"绝对正确性"，既十分困难，也没有必要。用模型抓住数据变化的主要规律才是最重要的。

3. 数学模型的"正确性"依赖于观测和实验数据的精度

数学模型通过改进和修正自身来与数据相符合；反之，也可以通过提高数据精度来加强数学模型的正确性。图 3.8 总结了数学建模与实地观测和实验之间的关系。其中，从提出理论假说回到现象的箭头，代表了根据理论模型设计实验和观测步骤的重要过程，目的是获取符合模型或推翻模型的关键证据。

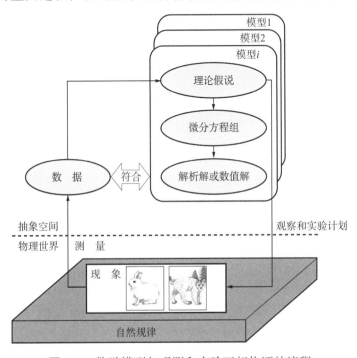

图 3.8　数学模型与观测和实验互相佐证的流程

不仅在生态学，在一般的自然科学中，数学建模与实地观测和实验之间都是图 3.8 所示的互补关系，好比人的左右腿一样。

3.2　常见的自然现象和微分方程之间的联系

在上一节，我们对一个生态系统的捕食者-被捕食者关系进行建模，用微分方程描述其规律。事实上，力学、天文学、电磁学、化学、生物学等诸多自然科学的规律背后，都是一组又一组的微分方程。可以说，微分方程是理解自然规律必不可少的一项工具。特别地，大量的自然规律表现为数量、物理量或统计量等随时间的变化形式，这种形式恰好特别适合采用微分方程来描述。

图 3.9 归纳了高中和大学本科阶段学习的一些自然科学的规律，以及数学模型的一些计算方法。它们之间的"桥梁"就是微分方程。例如，通过运动方程研究受重力影响下小球的运动轨迹。

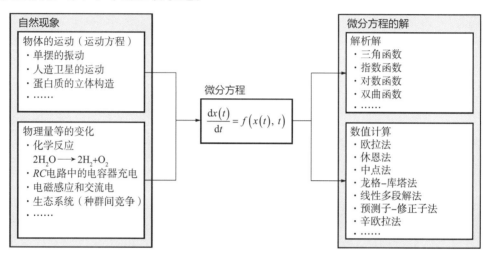

图 3.9 常见的自然现象和微分方程的联系

本节从几个经典的物理规律着手，从解析求解和数值求解两方面探讨 Python 在物理规律建模研究中的应用。

3.2.1 解析解示例 1——物体的运动

我们在高中学习了牛顿第二定律，它将物体受到的力（F）、物体运动状态的参数之一——加速度（a）以及物体质量（m）联系起来：

$$F = ma \tag{3.11}$$

这里还看不出微分方程的端倪。但在大学本科进一步学习力学时，我们了解到，加速度是物体位移对时间的二阶导数：

$$a = \frac{\mathrm{d}^2 x(t)}{\mathrm{d}t^2} = \frac{\mathrm{d}}{\mathrm{d}t}\left(\frac{\mathrm{d}}{\mathrm{d}t}x(t)\right) \tag{3.12}$$

合并式 (3.11) 和式 (3.12)，即得到我们想要的微分方程：

$$m\frac{\mathrm{d}^2 x}{\mathrm{d}t^2} = F \tag{3.13}$$

在宏观、低速条件下，也就是忽略相对论和量子效应的前提下，式 (3.13) 可用来描述自然界中各种物体的运动规律，从蛋白质分子的运动到球类运动，再到人造卫星等天体围绕星球的运动。不同自然现象对应不同形式的力 F，包括引力、弹力、摩擦力、电磁力等。

我们首先以经典的单摆结构为例，如图 3.10 所示。设单摆长度为 l，质量为 m，在小振幅近似下，单摆受到的回复力为

$$F = -\frac{mg}{l}x \tag{3.14}$$

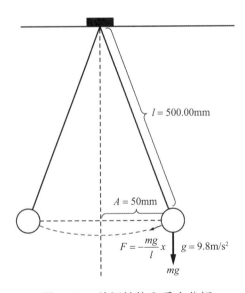

图 3.10　单摆结构和受力分析

合并式 (3.13) 和式 (3.14)，得到单摆的运动方程：

$$\frac{\mathrm{d}^2 x}{\mathrm{d}t^2} = -\frac{g}{l}x \tag{3.15}$$

这是一个二阶微分方程。即使没有系统学习过微分方程的解法，也能够猜出满足这个微分方程的函数形式。因为三角函数 $\sin x$ 和 $\cos x$ 的二阶导数等于自

身的相反数，所以式 (3.15) 的解应当是三角函数的形式。我们不进行详细推导，给出式 (3.15) 的通解：

$$x(t) = A \sin\left(\sqrt{\frac{g}{l}}t + \varphi\right) \tag{3.16}$$

其中，A 是振幅；φ 是初始相位。

　　根据式 (3.16)，用 Python 的 Matplotlib 库绘制单摆振动的图像，代码见程序 3.5 。为了加深理解，代码中借助 Matplotlib 提供的 hlines 和 vlines 等函数绘制辅助线。

程序 3.5　单摆振动图像的解析表达式和绘制代码

```
1  import numpy as np
2  import matplotlib.pyplot as plt
3  from math import sqrt
4
5  plt.rcParams["font.family"] = ["Microsoft YaHei",
       "sans-serif"]
6
7  # 单摆运动的参数
8  l = 500.0*10**(-3)  # 摆长 [m]
9  g = 9.8  # 重力加速度 [m/s^2]
10 A = 50.0*10**(-3)  # 单摆 [m]
11 t = np.linspace(0, 5, 100)
12 x = A * np.sin(sqrt(g/l)*t) *10**(3)  # 解析解的形式, 换算成 mm
13
14 # 单摆周期
15 period = 2*np.pi*sqrt(l/g)
16 print(period)
17
18 # 绘制计算结果
19 plt.plot(t, x, "r-")
```

```
20
21  # 图像参数设定
22  plt.xlim(0,5)
23  plt.ylim(-60,60)
24  plt.xticks(np.arange(0.0, 5.1, 1.0))
25  plt.yticks(np.arange(-60, 61, 10))
26  plt.vlines(x = period*(3/4), ymin = -60, ymax = 60,
        colors = 'blue', linestyle = 'dashed', linewidth = 1)
27  plt.vlines(x = period*(7/4), ymin = -60, ymax = 60,
        colors = 'blue', linestyle = 'dashed', linewidth = 1)
28  plt.hlines(y = 0, xmin = 0, xmax = 5, colors = 'black',
        linestyle = 'dotted', linewidth = 1)
29  plt.hlines(y = 51, xmin = period*(3/4), xmax =
        period*(7/4), colors = 'red', linestyle = 'dotted',
        linewidth = 1)
30  plt.text(period*(5/4), 55, f'周期 = {period:.2f}s', ha =
        'center', va = 'center')
31  plt.title("单摆运动的位移")
32  plt.xlabel("时间/s")
33  plt.ylabel("相对平衡位置的位移/mm")
34
35  # 显示图像
36  plt.show()
```

结果如图 3.11 所示。

3.2.2 解析解示例 2——电容器充电的过程

接下来我们分析一个电磁学的问题。如图 3.12 所示，电路由电池、开关、电阻器和电容器构成。已知电容器初始情况下不带电，求开关闭合后，电容器储存的电荷随时间的变化。

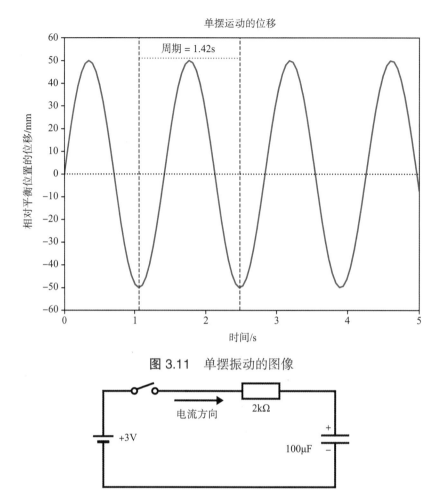

图 3.11　单摆振动的图像

图 3.12　电容器充电的电路示意图

　　已知电容器中存储的电荷为 $Q = CU$。其中，C 为电容器的电容大小，U 为电容器两端的电势差。开关闭合后，电容器并不会在一瞬间充满电，而是有一个过程，通过一段时间的充电，最终电势差和电源的电动势相等，为 3V，这个过程称为暂态过程。图 3.12 中电阻器和电容器串联的电路称为 RC 串联电路，其暂态过程是电学教科书中经典的研究对象之一。

　　基尔霍夫第一定律指出，沿一个闭合回路的电势变化之和为 0，于是有

$$E - RI - \frac{Q}{C} = 0 \tag{3.17}$$

其中，E 为电源的电动势；RI 为电阻器两端的电势差；Q/C 为电容器两端的电

势差。另外，电容器的电荷和流经电容器的电流存在 $I = \mathrm{d}Q/\mathrm{d}t$ 的联系，于是有

$$E - R\frac{\mathrm{d}Q}{\mathrm{d}t} - \frac{Q}{C} = 0 \tag{3.18}$$

这就是我们所求问题对应的微分方程，将其形式稍作整理：

$$\frac{\mathrm{d}Q}{\mathrm{d}t} = -\frac{1}{RC}Q + \frac{E}{R} \tag{3.19}$$

式 (3.19) 是经典的一阶非齐次线性微分方程，具体的求解过程在此略去。注意到初始条件 $Q(t = 0) = 0$，最终的解为

$$Q = CE(1 - e^{-(1/RC)t}) \tag{3.20}$$

程序 3.6 给出了使用 Matplotlib 绘制解析表达式 (3.20) 的图像的代码，结果如图 3.13 所示。

程序 3.6　电容器充电过程的解析表达式和绘制代码

```
1  import numpy as np
2  import matplotlib.pyplot as plt
3
4  plt.rcParams["font.family"] = ["Microsoft YaHei",
       "sans-serif"]
5
6  # 电容器充电问题的参数
7  C = 100.0*10**(-6)  # 电容大小 [μF]
8  R = 2.0*10**(3)  # 电阻大小 [kΩ]
9  E = 3.0  # 电源的电动势 [V]
10 t = np.linspace(0, 3, 300)
11 q = C*E*(1 - np.exp(-(1/(R*C)*t))) * 10**(3)  # 电容器充电的解
       析解 [mC]
12
13 # 绘制结果
14 plt.plot(t, q, "r-")
15
```

```
16  # 图像设定
17  plt.xlim(0,1)
18  plt.ylim(0,0.4)
19  plt.xticks(np.arange(0, 1.1, 0.1))
20  plt.yticks(np.arange(0, 0.5, 0.1))
21  plt.hlines(y = 0.3, xmin = 0, xmax = 1.0, colors =
        'blue', linestyle = 'dashed', linewidth = 1)
22  plt.text(0.5, 0.32, f"电容器总电荷 = $C*V$ =
        {C*E*10**3}(mC)", ha = "center", va = "center")
23  plt.title("电容器充电的过程")
24  plt.xlabel("时间/s")
25  plt.ylabel(" 电容器电荷/mC")
26
27  # 显示图像
28  plt.show()
```

从图 3.13 中可看出，闭合开关后，经过大约 1 s，电容器的电荷量趋近于其总电荷量 0.3mC。观察式 (3.20)，控制曲线变化的关键项是指数中的系数 $-1/RC$。不难明白，电容 C 和电阻 R 的乘积 RC 是一个具有时间量纲的物理量，称为 RC 电路的时间常数。读者可以尝试修改程序 3.6 中 R 和 C 的值，观察曲线发生的变化。

3.2.3 数值计算的应用——蛋白质立体结构的运算

笔者需要提醒大家，像前两个例子这样能够轻松获得解析解的微分方程少之又少，实际的研究和工程中，绝大多数微分方程都需要用数值计算的方式求解。

我们以蛋白质立体结构的运算为例。蛋白质通过其特定结构发挥功能，根据一些蛋白质特定活性位点的结构，可以针对研发与其发生作用的化合物，用于临床治疗。例如，曲妥珠单抗（商品名：赫赛汀），目前研究显示，它的作用机制是与一种称为人表皮生长因子受体-2（HER2）的蛋白质受体结合。这种受体

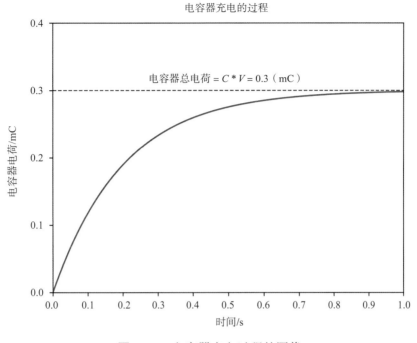

图 3.13　电容器充电过程的图像

在一些肿瘤细胞表面远多于正常细胞，使得肿瘤细胞在生长因子的刺激下快速增殖。曲妥珠单抗通过选择性地结合这种受体，限制肿瘤细胞受到刺激的可能，从而抑制肿瘤细胞的生长。

这类针对特定蛋白质研发的靶向药物，在 21 世纪初开始热门起来。包括靶向药物在内的新药研发，越来越多地利用计算机辅助设计和建模等工具。图 3.14 概括了计算机辅助药物筛选的关键步骤——靶向蛋白质立体结构的计算流程。

对于关心的靶向蛋白质或者其关键位点，可能有数十个到上百个氨基酸、成百上千个原子需要计算，所以描述它们的微分方程无法求出解析解，甚至连数值计算也需要强大的算力，比如超级计算机或者 Folding@Home 这样的全球规模分布式计算工程。

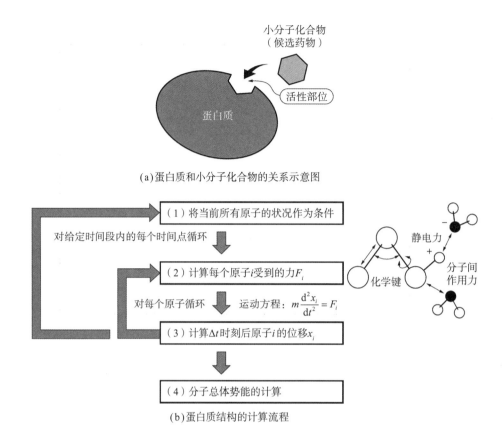

(a)蛋白质和小分子化合物的关系示意图

(b)蛋白质结构的计算流程

图 3.14 蛋白质立体结构的计算流程

3.2.4 数值计算求解微分方程的原理

1. 微分方程的一般形式

我们在本节一开始提到，许多自然规律表现为数量、物理量或统计量随时间的变化。因此，描述这些自然规律的微分方程可被归纳为如下形式：

$$\frac{\mathrm{d}x(t)}{\mathrm{d}t} = f(x(t), t) \tag{3.21}$$

其中，$x(t)$ 为待求解的量，表示为 t 的函数；方程右边的函数 $f(x(t), t)$ 描述使 $x(t)$ 变化的因素，如物理中的各种力、生态学中的环境因素等。

式 (3.21) 是描述单个变量随时间变化的微分方程。上一节介绍的 Lotka-Volterra 方程组涉及两个变量，两个变量的变化因素相互耦合，无法写成两个形如式 (3.21) 的相互独立的微分方程。这类微分方程组可以用矩阵的形式写作：

$$\frac{\mathrm{d}}{\mathrm{d}t}\begin{pmatrix} x(t) \\ y(t) \end{pmatrix} = \begin{pmatrix} f(x(t), y(t), t) \\ g(x(t), y(t), t) \end{pmatrix} \tag{3.22}$$

2. 解析求解和数值求解

如果将式 (3.21) 的两边同时积分，可得到

$$x(t) = \int f(x(t), t)\mathrm{d}t \tag{3.23}$$

但我们马上会发现，这样做大部分时候无法进一步求解，因为右边的被积函数包含未知函数 $f(x(t), t)$，无法直接积分。只有 f 的形式中不显含 $x(t)$ 或者 t 的时候，才能用分离变量法来求解：

$$\int \frac{\mathrm{d}x(t)}{f(x(t))} = \int \mathrm{d}t \tag{3.24}$$

$$\int \mathrm{d}x(t) = \int f(t)\mathrm{d}t \tag{3.25}$$

即使是这样，含有 $f(x(t))$ 或 $f(t)$ 的积分可能算不出来，也就无法进一步得到解析解。

那么如何通过数值求解呢？我们用图 3.15 来解释这个过程。将 t 和 $x(t)$ 暂时看作两个独立的变量，式 (3.21) 右边的 $f(x(t), t)$ 可以看作关于 t 和 $x(t)$ 的函数，它给出了通过每一个点 $(t, x(t))$ 的曲线的斜率。那么从起始点 $(t_0, x(t_0))$ 出发，沿着这些斜率信息 "绘制" 曲线，也就给出了函数 $x(t)$ 的全貌。

这样做的问题是，如何保证 "绘制" 这条曲线时不会出现 "分叉"，保证微分方程的解 $x(t)$ 是唯一的？这个问题由柯西-利普希茨定理（Cauchy-Lipschitz theorem）解决。如果 $f(x(t), t)$ 满足利普希茨条件，即存在正常数 K，使得在定义域内任意 t 和 $x(t)$、$y(t)$ 满足以下条件：

$$|f(x(t), t) - f(y(t), t)| \leqslant K|x(t) - y(t)| \tag{3.26}$$

那么式 (3.21) 在给定初始条件 $(t_0, x(t_0))$ 时有且仅有唯一解。

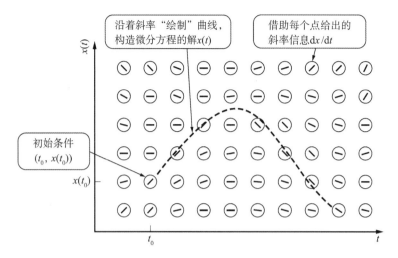

图 3.15　数值求解微分方程的示意图

3.2.5　欧拉法求解微分方程的实践

我们在上一节初步应用了欧拉法（之前称为正向欧拉法）。本节将从式 (3.21) 出发仔细讨论。

如图 3.16 所示，假设 $t = t_i$ 时刻对应的 $x(t_i)$ 已知，无论它是初始值 $x(t_0)$ 还是经过上一步运算得到的值，都意味着该点的斜率 $f(x(t_i), t_i)$ 是已知的。此时，切线的斜率近似为 $dx/dt \approx [x(t_{i+1}) - x(t_i)]/h$，其中，$h$ 为求解时设定的步长。于是有

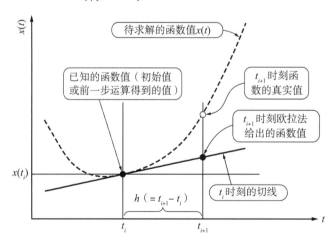

图 3.16　欧拉法求解微分方程的示意图

$$x(t_{i+1}) = x(t_i) + hf(x(t_i), t_i) \tag{3.27}$$

不难理解，步长 h 的取值越小，近似程度越好，数值求解的精度越高。

作为示例，我们用一个最简单的函数 $f(x(t), t) = x$，代入式 (3.21) 得到 $\mathrm{d}x / \mathrm{d}t = x$。这个方程很容易用分离变量法求解。设 $t = t_0$ 时刻的初始值 $x(t_0) = x_0$，解得

$$x(t) = x_0 e^{t - t_0} \tag{3.28}$$

下面，我们分 4 段程序说明数值求解的代码，如程序 3.7~ 程序3.10 所示。读者在将这 4 段代码放入文件并运行之前，千万不要忘了使用 import 命令调用相关的 Python 模块。其中，程序 3.7 和程序 3.8 也可以编写为单独的 Python 模块，供其他文件调用。

程序 3.7　欧拉法的实现

```
1  def euler(f_tx, t0, x0, h, num_div_t):
2      """
3      欧拉法的实现
4
5      @param f_tx: 微分方程右边的函数 f(x(t),t)
6      @param t0: 初始时刻
7      @param x0: 变量 x 在初始时刻的值
8      @param h:  时间步长
9      @param num_div_t: 时间间隔数（步数）
10     @return: 返回两个参数，分别是时间序列 t 和对应的变量 x(t) 的数组
11     """
12
13     # 初始化
14     old_t = t0
15     old_x = x0
16
```

```python
17      # 建立返回结果的数组
18      t = np.array([t0])
19      x = np.array([x0])
20
21      # 主程序
22      for num_step in range(num_div_t):  # 按照步数进行循环
23          new_t = old_t + h
24
25          # 欧拉法的核心计算步骤
26          new_x = old_x + h * f_tx(old_t, old_x)
27
28          old_t = new_t
29          old_x = new_x
30
31          # 将每一步的计算结果追加到数组中
32          t = np.append(t, old_t)
33          x = np.append(x, old_x)
34
35      return t, x
```

程序 3.8　数值方法使用的函数和原方程的解析解

```python
1  def func(t, x):
2      "欧拉法使用的函数 f(x(t), t)，可更改定义或用别的函数代替"
3      return x
4
5  def true_x(t, t0, x0):
6      "以上函数对应的微分方程的解"
7      return x0 * np.exp(t - t0)
```

程序 3.9　设定不同步长用欧拉法求解，并与解析解对比

```
1  # 主要的计算过程
2
3  # 初始化和相关参数设定
4  t_interval = [0.0, 10.0]
5  h = [1.0, 0.1, 0.01]
6  num_div_t = [int((t_interval[1] - t_interval[0])/_h) for
       _h in h]
7  t0, x0 = 0.0, 1.0
8
9  # 不同 h 值下使用欧拉法
10 euler_ret_t1, euler_ret_x1 = euler(func, t_interval[0],
       x0, h[0], num_div_t[0])
11 euler_ret_t2, euler_ret_x2 = euler(func, t_interval[0],
       x0, h[1], num_div_t[1])
12 euler_ret_t3, euler_ret_x3 = euler(func, t_interval[0],
       x0, h[2], num_div_t[2])
13
14 # 原方程的解析解
15 t_cont = np.linspace(t_interval[0], t_interval[1])
16 x_cont = true_x(t_cont, t0, x0)
```

程序 3.10　将解析解和数值结果在图像上显示

```
1  plt.rcParams["font.family"] = ["Microsoft YaHei",
       "sans-serif"]
2  plt.plot(t_cont, x_cont, "k--", label = "解析解 $x(t) =
       x(0)e^{t-t_0}$")
3  plt.plot(euler_ret_t1, euler_ret_x1, "b*", label = "数值计
       算 ($h = 1.0$)", markersize = 10)
```

```
4  plt.plot(euler_ret_t2, euler_ret_x2, "r*", label = "数值计
       算（$h = 0.1$）", markersize = 5)
5  plt.plot(euler_ret_t3, euler_ret_x3, "g*", label = "数值计
       算（$h = 0.01$）", markersize = 2)
6  plt.grid(True)
7  plt.xlabel("$t$")
8  plt.ylabel("$x(t)$")
9  plt.xticks(range(int(t_interval[0]),
       int(t_interval[1])+1, 1))
10 plt.legend()
11 plt.title("用欧拉法求解微分方程 $dx(t)/dt = x$")
12
13 plt.show()
```

运行结果如图 3.17 所示。我们将不同步长 $h = 1.0$，$h = 0.1$ 和 $h = 0.01$ 的结果放在同一张图上，与解析解进行对比。

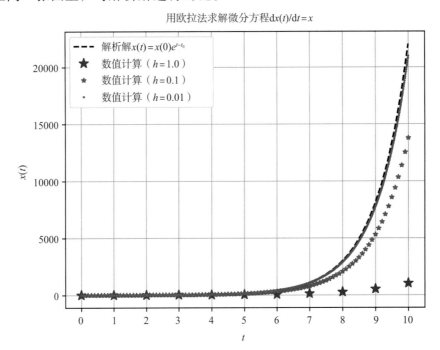

图 3.17   欧拉法求解微分方程的结果

图 3.17 告诉我们，步长 h 的取值对数值方法的结果有显著影响。$h = 1.0$ 时，数值方法的结果与解析解的偏差巨大，$t = 10$ 时 $x(t)$ 的数值解（约 1000）与解析解（约 22000）差了二十多倍。数值结果 $h = 0.1$ 时有比较明显的提升；$h = 0.01$ 时已经能将误差控制在约 5% 的水平了。

另一方面，提高精度的代价是计算量提升 10 倍和 100 倍。我们可以通过将步长 h 取得更小来获得更高的计算精度，但过高的计算量可能让计算任务无法及时完成；另外由于计算机表示浮点数的机制，步长不能取得任意小，否则会带来其他问题。总之，实际的计算任务中，需要在数值计算的精度要求和计算量的限制之间进行权衡。

接下来的内容里，我们将介绍其他数值求解微分方程的方法，并且可以看到新的方法在同样的步长下对求解精度的改善。

延伸阅读 莱昂哈德·欧拉

瑞士数学家莱昂哈德·欧拉 [Leonhard Euler（1707–1783），如图 3.18 所示] 是一位在分析学、代数学和数论等领域都有重大建树的数学家。他一生有三部代表著作，《无穷小分析引论》《微分学原理》《积分学原理》著录了微积分的理论和计算方法，包含最早的微分方程数值计算方法（欧拉法），如图 3.19 所示。

图 3.18 莱昂哈德·欧拉

如果你有幸阅读过他的著作，一定会被书中大量复杂、精妙的计算所折服，正如欧拉之后的法国数学家、天文学家弗朗西斯·阿拉戈（François Arago）所评价的那样："欧拉的计算信手拈来、毫不费力，就好像人的呼吸和雄鹰翱翔天际一样。"

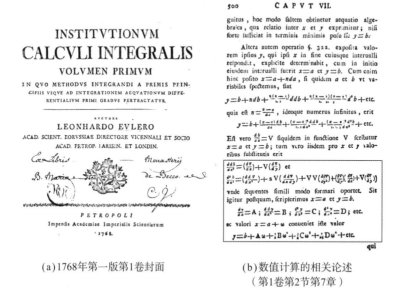

(a) 1768年第一版第1卷封面

(b) 数值计算的相关论述
（第1卷第2节第7章）

图 3.19   《积分学原理》记录的微分方程数值计算方法

3.3   微分方程的各种数值解法

上一节我们介绍了微分方程最基础的数值解法——欧拉法。可以看到，在步长 h 比较大的时候，欧拉法的误差比较明显。为了提高计算精度，需要大幅减小步长，相应的计算时间也将显著增加。

本节我们将介绍 3 种常见的微分方程数值解法：休恩法、中点法和古典四阶龙格-库塔法，并比较在相同步长下，这 3 种数值解法相对于欧拉法的精度改善。

3.3.1   欧拉法的回顾和分析

回顾上一节的内容，待求解的微分方程形式为

$$\frac{\mathrm{d}x(t)}{\mathrm{d}t} = f(x(t),t) \tag{3.29}$$

欧拉法通过第 i 步的结果 x_i 和步长 h 求解第 $i+1$ 步的结果 x_{i+1}：

$$x(t_{i+1}) = x(t_i) + hf(x(t_i), t_i) \tag{3.30}$$

设 $f(x(t), t) = x$，方程的解析解为 $x(t) = x_0 e^{t-t_0}$。欧拉法数值求解的代码实现见程序 3.7，运行结果如图 3.17 所示。步长 h 较大时，数值求解的结果误差很大。我们不妨根据程序 3.9 的结果，将解析解 x_cont 和数值解 euler_ret_x1~euler_ret_x3 的最后一个点，也就是 $t = 10$ 时刻的值打印出来：

```
print(euler_ret_x1[-1], euler_ret_x2[-1],
    euler_ret_x3[-1], x_cont[-1])
```

结果分别为 1024.0、13780.6、20959.2 和 22026.5。

回顾图 3.16 就能发现，当函数 $x(t)$ 的图像不是直线时，欧拉法通过斜率计算出来的 $x(t_{i+1})$ 一定会偏离真实值。并且，当 $x(t)$ 是凹函数时，每一步计算都会偏小；反之，当 $x(t)$ 是凸函数时，每一步计算都会偏大。因此，计算到后面的时候，误差可能会逐渐累积，直到失控的程度。

3.3.2 休恩法（Heun 法）

休恩法是基于欧拉法的一种改进方法。它不仅使用 t_i 时刻的斜率值，而且估算并使用 t_{i+1} 时刻的斜率值，能够在一定程度上修正欧拉法因为函数凹凸性造成的误差。

休恩法的原理如图 3.20 所示。由于 t_{i+1} 时刻的斜率值 $f(x(t_{i+1}), t_{i+1})$ 中含有未知量 $x(t_{i+1})$，所以需要通过估算给出一个近似的斜率值。步骤如下：

① 通过欧拉法求出一个 $x(t_{i+1})$ 的估计值，记为 $x^{(i)}(t_{i+1})$。

② 利用 $x^{(i)}(t_{i+1})$ 获得斜率的修正估计值，通过欧拉法求出另一个 $x(t_{i+1})$ 的估计值，记为 $x^{(i+1)}(t_{i+1})$。

③ 对两个估计值求平均，得到休恩法的最终计算值 $x^{(A)}(t_{i+1})$。

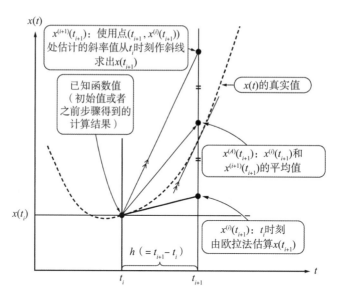

图 3.20　休恩法的过程示意图

整个过程的数学表达式为

$$\begin{cases} x^{(i)}(t_{i+1}) = x(t_i) + h f(x(t_i), t_i) \\ x^{(i+1)}(t_{i+1}) = x(t_i) + h f(x^{(i)}(t_{i+1}), t_i + h) \\ x^{(A)}(t_{i+1}) = \dfrac{1}{2} \left(x^{(i)}(t_{i+1}) + x^{(i+1)}(t_{i+1}) \right) \end{cases} \tag{3.31}$$

程序 3.11 给出了休恩法的方法实现。程序 3.12 给出了不同步长下的计算和绘图代码。计算使用的相关函数见程序 3.8，此处不再赘述。

程序 3.11　休恩法的实现代码

```
1  def heun(f_tx, t0, x0, h, num_div_t):
2      # 初始化
3      old_t = t0
4      old_x = x0
5
6      # 建立返回结果的数组
7      t = np.array([t0])
```

```
8       x = np.array([x0])
9
10      # 主程序
11      for num_step in range(num_div_t): # 按照步数进行循环
12          new_t = old_t + h
13
14          # 休恩法的核心计算步骤
15          tmp_x_1 = old_x + h * f_tx(old_t, old_x)
16          tmp_x_2 = old_x + h * f_tx(new_t, tmp_x_1)
17          new_x = (tmp_x_1 + tmp_x_2) / 2
18
19          old_t = new_t
20          old_x = new_x
21
22          # 将每一步的计算结果追加到数组中
23          t = np.append(t, old_t)
24          x = np.append(x, old_x)
25
26      return t, x
```

程序 3.12　将解析解和数值结果在图像上显示

```
1  # 不同 h 值下使用休恩法
2  heun_ret_t1, heun_ret_x1 = heun(func, t_interval[0], x0,
       h[0], num_div_t[0])
3  heun_ret_t2, heun_ret_x2 = heun(func, t_interval[0], x0,
       h[1], num_div_t[1])
4  heun_ret_t3, heun_ret_x3 = heun(func, t_interval[0], x0,
       h[2], num_div_t[2])
5
```

```
 6  plt.rcParams["font.family"] = ["Microsoft YaHei",
        "sans-serif"]
 7  plt.plot(t_cont, x_cont, "k--", label = "解析解 $x(t) =
        x(0)e^{t-t_0}$")
 8  plt.plot(heun_ret_t1, heun_ret_x1, "b*", label = "数值计算
        ($h = 1.0$)", markersize = 10)
 9  plt.plot(heun_ret_t2, heun_ret_x2, "r*", label = "数值计算
        ($h = 0.1$)", markersize = 5)
10  plt.plot(heun_ret_t3, heun_ret_x3, "g*", label = "数值计算
        ($h = 0.01$)", markersize = 2)
11  plt.grid(True)
12  plt.xlabel("$t$")
13  plt.ylabel("$x(t)$")
14  plt.xticks(range(int(t_interval[0]),
        int(t_interval[1])+1, 1))
15  plt.legend()
16  plt.title("用休恩法求解微分方程 $dx(t)/dt = x$")
17
18  plt.show()
```

结果如图 3.21 所示。与图 3.17 相比，可以看到休恩法在 $h = 1.0$ 步长下的误差缩小了许多；$h = 0.1$ 时已经能够较好地吻合解析解了。

3.3.3　中点法

中点法是另一种改进欧拉法的方法。如图 3.22 所示，它也利用了 t_{i+1} 处斜率的估算值。不同的是，中点法的每一步利用两个点 t_i 和 t_{i+1} 处的信息来计算 t_{i+2} 处的值，所以需要两个初始值 $x(t_0)$ 和 $x(t_1)$，后者可用欧拉法或者休恩法计算。中点法与休恩法的区别是，休恩法先使用两个点估算斜率并求出函数值，然后对函数值求平均值；中点法先对自变量 t 求平均值（中点），然后在中点位置估算斜率并求出函数值。

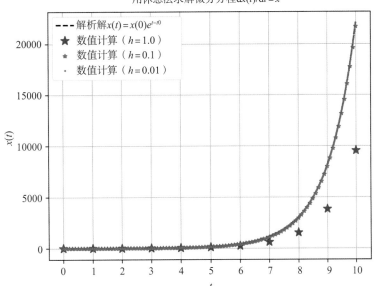

图 3.21 休恩法数值求解的结果

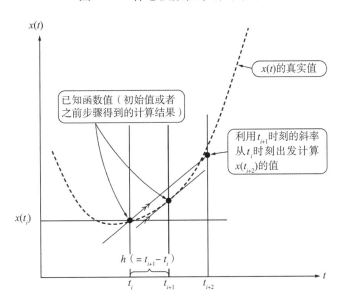

图 3.22 中点法的过程示意图

中点法的计算公式为:

$$\begin{cases} x(t_1) = x(t_0) + hf(x(t_0), t_0) \\ x(t_{i+2}) = x(t_i) + 2hf(x(t_{i+1}), t_{i+1}) \end{cases}$$
(3.32)

程序 3.13 给出了中点法的实现代码。注意：初始值是由两个点组成的数组。

程序 3.13   中点法的实现代码

```
 1  def midpoint(f_tx, t0, x0, h, num_div_t):
 2      # 初始化 (t0,x0)
 3      old_t = [t0]
 4      old_x = [x0]
 5
 6      # 初始化 (t1,x1)
 7      old_t.append(t0 + h)
 8      old_x.append(x0 + h * f_tx(t0, x0))
 9
10      # 建立返回结果的数组
11      t = np.array(old_t)
12      x = np.array(old_x)
13
14      # 主程序
15      for num_step in range(1, num_div_t): # 注意循环的次数
16          new_t = old_t[1] + h
17
18          # 中点法的核心计算步骤
19          new_x = old_x[0] + 2 * h * f_tx(old_t[1], old_x[1])
20
21          old_t[0] = old_t[1]
22          old_x[0] = old_x[1]
23          old_t[1] = new_t
24          old_x[1] = new_x
25
26          # 将每一步的计算结果追加到数组中
27          t = np.append(t, old_t[1])
```

```
28          x = np.append(x, old_x[1])
29
30      return t, x
```

绘图程序可参考程序 3.12 来编写，此处不再给出。绘制结果如图 3.23 所示。

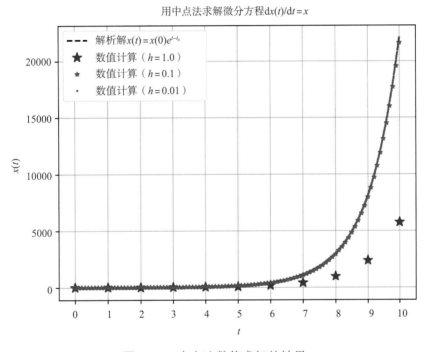

图 3.23　中点法数值求解的结果

由图 3.23 可知，步长 $h = 1.0$ 时，中点法的误差和休恩法比较接近，而 $h = 0.1$ 时已经能够很好地吻合解析解了。

3.3.4　古典四阶龙格-库塔法

根据休恩法和中点法对欧拉法计算结果的改善情况，可以认为，在每一步计算时利用更多信息，能够有效改善数值计算的精度。很显然我们并不想止步于此，能不能借助更多的信息来改善每一步的运算，直接提高步长 $h = 1.0$ 时的计算精度呢？这样就可以使用较少的计算步骤达到想要的精度了。

20 世纪以来，人们根据这个思路开发出一系列数值计算方法，其中最为经典和广泛使用的是龙格-库塔法（Runge-Kutta method），因为由德国数学家卡尔·龙格（Carl Runge）和威廉·库塔（Wilhelm Kutta）共同发现而得名。龙格-库塔法是一系列计算方法的统称，分为不同的阶数，代表不同的计算精度。应用最为广泛的是古典四阶龙格-库塔法，计算公式如下：

$$\begin{cases} x(t_{i+1}) = x(t_i) + \dfrac{h}{6}(k_1 + 2k_2 + 2k_3 + k_4) \\[2mm] k_1 = f(x(t_i), t_i) \\[2mm] k_2 = f\left(x(t_i) + \dfrac{h}{2}k_1, t_i + \dfrac{h}{2}\right) \\[2mm] k_3 = f\left(x(t_i) + \dfrac{h}{2}k_2, t_i + \dfrac{h}{2}\right) \\[2mm] k_4 = f(x(t_i) + hk_3, t_i + h) \end{cases} \tag{3.33}$$

式 (3.33) 看起来非常复杂，但它的基本脉络很清晰。k_1 是欧拉法在 t_1 时刻的斜率，$k_2 \sim k_4$ 分别是由之前的运算结果求得的新的斜率，总的斜率是 $k_1 \sim k_4$ 的加权平均值。读者可对照图 3.24，仔细跟踪式 (3.33) 中的每一步计算。

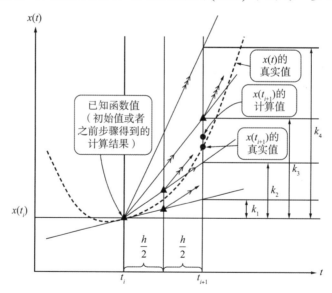

图 3.24　古典四阶龙格-库塔法的过程示意图

事实上，欧拉法和休恩法可以视为古典龙格-库塔法在一阶和二阶时的情形。例如，将欧拉法的公式改写如下，就能看出端倪了：

$$\begin{cases} x(t_{i+1}) = x(t_i) + hk_1 \\ k_1 = f(x(t_i), t_i) \end{cases} \tag{3.34}$$

读者可以仿照式 (3.34)，将休恩法的公式改写为龙格-库塔法的形式。

程序 3.14 给出了古典四阶龙格-库塔法的实现代码。

程序 3.14 古典四阶龙格-库塔法的实现代码

```
1  def rk4(f_tx, t0, x0, h, num_div_t):
2      # 初始化
3      old_t = t0
4      old_x = x0
5      k = [x0] * 4 # 储存每一步中间值的数组
6
7      # 建立返回结果的数组
8      t = np.array([t0])
9      x = np.array([x0])
10
11     # 主程序
12     for num_step in range(num_div_t): # 按照步数进行循环
13         new_t = old_t + h
14
15         # 古典四阶龙格-库塔法的核心计算步骤
16         k[0] = f_tx(old_t, old_x)
17         k[1] = f_tx(old_t + 0.5 * h,
18                 old_x + 0.5 * h * k[0])
19         k[2] = f_tx(old_t + 0.5 * h,
20                 old_x + 0.5 * h * k[1])
21         k[3] = f_tx(old_t + h,
22                 old_x + h * k[2])
23         new_x = old_x + (
```

```
24                 k[0] + 2 * k[1] + 2 * k[2] + k[3]
25          ) * h / 6.0
26
27          old_t = new_t
28          old_x = new_x
29
30          # 将每一步的计算结果追加到数组中
31          t = np.append(t, old_t)
32          x = np.append(x, old_x)
33
34      return t, x
```

类比程序 3.12 编写代码绘制计算结果，如图 3.25 所示。这次，我们如愿以偿地在 $h = 1.0$ 步长下得到非常高的精度。

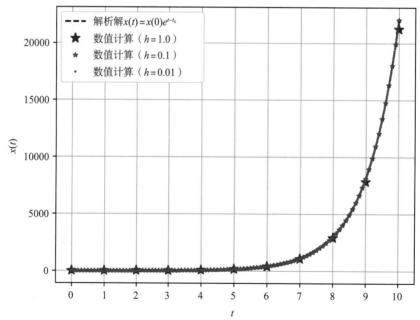

用古典四阶龙格–库塔法求解微分方程 $dx(t)/dt = x$

图 3.25　古典四阶龙格-库塔法数值求解的结果

3.3.5　4 种数值解法的对比

我们汇总 4 种数值解法在步长 $h = 1.0$ 和 $h = 0.1$ 设定下的运算结果，如图 3.26 所示。4 种数值解法在步长 $h = 0.01$ 设定下的精度都比较高，画在图中难以区分，因此不展示。在相同步长下，根据数值解法的精度由低到高排序，结果为欧拉法 < 中点法 < 休恩法 < 古典四阶龙格-库塔法。

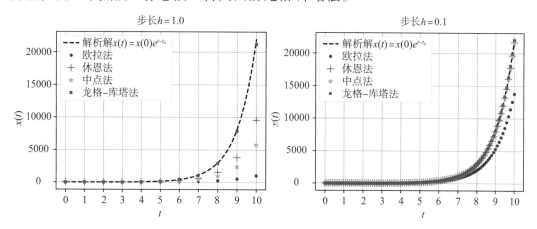

图 3.26　各种数值解法在步长 $h = 1.0$ 和 $h = 0.1$ 下的对比

延伸阅读　函数的泰勒展开与数值解法的阶数

在本节末尾，我们借助更多的数学推导来探讨不同数值解法精度的本质。

设函数 $x(t)$ 在点 t_i 处的各阶导数存在。其一阶导数由式 (3.21) 右边的 $f(x(t), t)$ 给出。那么点 $t_{i+1} = t_i + h$ 处的函数值可由泰勒级数求得：

$$x(t_{i+1}) = x(t_i) + hf(x(t_i), t_i) + \frac{h^2}{2!}f'(x(t_i), t_i) + \frac{h^3}{3!}f''(x(t_i), t_i)$$
$$+ \frac{h^4}{4!}f'''(x(t_i), t_i) + \cdots \tag{3.35}$$

数值方法通过计算到函数的某一阶泰勒展开以达到相应的精度，从式 (3.27) 中不难看出欧拉法对应函数的一阶展开。

休恩法对应的展开阶数需要稍微推导一下。我们从式 (3.31) 中的这样一项出发：

$$hf(x^{(i)}(t_{i+1}), t_i + h)$$

$$= hf(x(t_i), t_i) + h^2 \frac{f(x^{(i)}(t_{i+1}), t_i + h) - f(x(t_i), t_i)}{h}$$

$$\approx hf(x(t_i), t_i) + h^2 f'(x(t_i), t_i) \tag{3.36}$$

于是有

$$x^{(A)}(t_{i+1}) = \frac{1}{2}[x^{(i)}(t_{i+1}) + x^{(i+1)}(t_{i+1})]$$

$$\approx \frac{1}{2}[x(t_i) + hf(x(t_i), t_i)] + \frac{1}{2}[x(t_i) + hf(x(t_i), t_i) + h^2 f'(x(t_i), t_i)]$$

$$= x(t_i) + hf(x(t_i)) + \frac{h^2}{2!} f'(x(t_i), t_i) \tag{3.37}$$

因此，休恩法相当于二阶泰勒展开。类似地，我们可以证明古典四阶龙格-库塔法的斜率 $k_1 \sim k_4$ 有如下近似：

$$\begin{cases} k_1 = f(x(t_i), t_i) \\ k_2 \approx f(x(t_i), t_i) + \dfrac{h}{2} f'(x(t_i), t_i) \\ k_3 \approx f(x(t_i), t_i) + \dfrac{h}{2} f'(x(t_i), t_i) + \dfrac{h^2}{4} f''(x(t_i), t_i) \\ k_4 \approx f(x(t_i), t_i) + hf'(x(t_i), t_i) + \dfrac{h^2}{2} f''(x(t_i), t_i) + \dfrac{h^3}{4} f'''(x(t_i), t_i) \end{cases} \tag{3.38}$$

将式 (3.38) 给出的 $k_1 \sim k_4$ 代入到式 (3.33) 的加权平均值中，得到的 $x(t_{i+1})$ 相当于四阶泰勒展开。事实上，任意阶龙格-库塔法的系数就是基于泰勒展开的系数求得的。

3.4 微分方程的辛欧拉法

上一节我们比较了微分方程的各种数值解法。其中，古典四阶龙格-库塔法的精度最高，在较宽的步长下已经能很好地符合解析结果。本节我们将介绍一种精度稍低但是比较常用的方法——辛欧拉法。以辛欧拉法为基础和代表的辛积分方法是力学系统中常用的数值计算方法。我们将看到，辛欧拉法能够用与欧拉法相当的运算次数达到比较好的精度。

3.4.1　单摆运动的精确方程

我们在 3.2 节以单摆的运动为例介绍了微分方程的解析解。在小角度近似下，单摆的运动可以视为简谐振动，周期为 $T = 2\pi\sqrt{l/g}$，其中，l 为摆绳的长度，g 为重力加速度。

如果小角度近似的条件无法满足，就需要求解单摆运动的精确方程。在这种情形下，使用角度 θ 及角速度 ω 描述单摆的位置和速度较为方便一些。由于单摆始终沿着圆周运动，其径向加速度为 0，切向加速度为 $a = \mathrm{d}^2 r/\mathrm{d}t^2 = l\mathrm{d}^2\theta/\mathrm{d}t^2$。单摆在切向受到的重力分量为 $-mg\sin\theta$。综上所述，单摆的运动方程为

$$\frac{\mathrm{d}^2\theta}{\mathrm{d}t^2} = -\frac{g}{l}\sin\theta \tag{3.39}$$

这个方程的解不能用初等函数表达，其周期也不再是 $T = 2\pi\sqrt{l/g}$。不过有了上一节的知识储备，我们可以使用数值计算的方式求解。

1. 化为一阶微分方程组

式 (3.39) 是二阶微分方程，无法用欧拉法或龙格-库塔法等直接求解。我们引入角速度 $\omega = \mathrm{d}\theta/\mathrm{d}t$，将式 (3.39) 转换为联立的一阶微分方程组：

$$\begin{cases} \dfrac{\mathrm{d}\theta}{\mathrm{d}t} = \omega \\ \dfrac{\mathrm{d}\omega}{\mathrm{d}t} = -\dfrac{g}{l}\sin\theta \end{cases} \tag{3.40}$$

2. 能量守恒定律的检验

能量守恒是物理现象必须满足的定律，进行数值计算时也不例外。但由于计算机浮点数据类型等一系列机制可能带来的误差，实际的运算过程或多或少会偏离能量守恒定律。数值计算过程中的每一步是否满足能量守恒定律，是评估计算准确性的条件之一。

单摆系统的总能量由动能和重力势能构成，表达式如下：

$$E = \frac{1}{2}ml^2\omega^2 + mgl(1 - \cos\theta) \tag{3.41}$$

因此，在对式 (3.40) 进行数值求解得到每一步的 θ 和 ω 后，我们就能计算出总能量，从而验证能量守恒定律。

3.4.2 联立方程组的数值解法

我们将式 (3.40) 归纳为更一般的一阶微分方程组：

$$
\begin{cases}
\dfrac{\mathrm{d}x}{\mathrm{d}t} = f^{(x)}(x, v, t) \\[2mm]
\dfrac{\mathrm{d}v}{\mathrm{d}t} = f^{(v)}(x, v, t)
\end{cases}
\tag{3.42}
$$

下面分别介绍式 (3.40) 的 3 种数值解法。

1. 欧拉法

联立方程组的欧拉法基本原理与单变量微分方程相同，区别是每一步计算斜率时需要对两个函数 $f^{(x)}$ 和 $f^{(v)}$ 同时进行计算。

$$
\begin{cases}
x(t_{i+1}) = x(t_i) + h \cdot f^{(x)}(x(t_i), v(t_i), t_i) \\[2mm]
v(t_{i+1}) = x(t_i) + h \cdot f^{(v)}(x(t_i), v(t_i), t_i)
\end{cases}
\tag{3.43}
$$

可以预见，欧拉法容易扩展到更多变量联立的微分方程组，形式不会有太大变化。

2. 古典四阶龙格-库塔法

类似欧拉法，运算中的每一步都要计算 x 和 v 对应的斜率 $k_1 \sim k_4$。

$$
\begin{cases}
x(t_{i+1}) = x(t_i) + \dfrac{h}{6}(k_1^{(x)} + 2k_2^{(x)} + 2k_3^{(x)} + k_4^{(x)}) \\[2mm]
k_1^{(x)} = f^{(x)}(x(t_i), v(t_i), t_i) \\[2mm]
k_2^{(x)} = f^{(x)}\left(x(t_i) + \dfrac{h}{2}k_1^{(x)}, v(t_i) + \dfrac{h}{2}k_1^{(v)}, t_i + \dfrac{h}{2}\right) \\[2mm]
k_3^{(x)} = f^{(x)}\left(x(t_i) + \dfrac{h}{2}k_2^{(x)}, v(t_i) + \dfrac{h}{2}k_2^{(v)}, t_i + \dfrac{h}{2}\right) \\[2mm]
k_4^{(x)} = f^{(x)}(x(t_i) + hk_3^{(x)}, v(t_i) + hk_3^{(v)}, t_i + h)
\end{cases}
\tag{3.44}
$$

$$\begin{cases} v(t_{i+1}) = v(t_i) + \dfrac{h}{6}(k_1^{(v)} + 2k_2^{(v)} + 2k_3^{(v)} + k_4^{(v)}) \\[2mm] k_1^{(v)} = f^{(v)}(x(t_i), v(t_i), t_i) \\[2mm] k_2^{(v)} = f^{(v)}\left(x(t_i) + \dfrac{h}{2}k_1^{(x)}, v(t_i) + \dfrac{h}{2}k_1^{(v)}, t_i + \dfrac{h}{2} \right) \\[2mm] k_3^{(v)} = f^{(v)}\left(x(t_i) + \dfrac{h}{2}k_2^{(x)}, v(t_i) + \dfrac{h}{2}k_2^{(v)}, t_i + \dfrac{h}{2} \right) \\[2mm] k_4^{(v)} = f^{(v)}(x(t_i) + hk_3^{(x)}, v(t_i) + hk_3^{(v)}, t_i + h) \end{cases} \tag{3.45}$$

3. 辛欧拉法

顾名思义，辛欧拉法可以看作在欧拉法的基础上进行的改进。

$$\begin{cases} x(t_{i+1}) = x(t_i) + h \cdot f^{(x)}(x(t_i), v(t_i), t_i) \\[2mm] v(t_{i+1}) = x(t_i) + h \cdot f^{(v)}(x(t_{i+1}), v(t_i), t_i) \end{cases} \tag{3.46}$$

注意到计算 $v(t_{i+1})$ 时使用了前半步计算得到的 $x(t_{i+1})$ 来估计斜率 $f^{(v)}$。这种做法有点类似于上一节介绍的休恩法，可以预计它会对数值运算的精度改善有一定帮助。

"辛"是单词"symplectic"的中文音译，是一个涉及线性代数、微分几何等分支的数学概念。本节末尾的延伸阅读部分尝试从最简单的角度解释"辛"的含义。

3.4.3　代码实现和运行结果

程序 3.15 包括相关 Python 模块的调用、参数的设置以及相关函数的定义。其中将函数写成了 Lambda 表达式的形式。

我们将单摆的初始角度设为 30°，这超出了能够近似为简谐振动的小角度单摆的角度限制（一般为 5°）。读者可尝试修改这项参数，查看运行结果的变化。

程序 3.15　数值运算之前的准备设置

```
1  import numpy as np
2  import matplotlib.pyplot as plt
3  import math
```

```
4
5  l = 500.00 * 10 ** (-3)  # 摆绳长度 [m]
6  g = 9.8  # 重力加速度 [m/s^2]
7
8  f_th = lambda t, theta, omega: omega
9  f_om = lambda t, theta, omega: -(g / l) * math.sin(theta)
10 f_energy = lambda theta, omega: (1/2) * (l * omega) ** 2
       + l * g * (1 - math.cos(theta))
11
12 # 初始值
13 t0 = 0.0
14 theta0 = np.pi / 180.0 * 30.0
15 omega0 = 0.0
16 e0 = f_energy(theta0, omega0)
17
18 # 步长和步数
19 h = 0.01
20 t_interval = [0.0, 10.0]
21 num_div_t = int((t_interval[1] - t_interval[0])/h)
```

程序 3.16 将欧拉法和辛欧拉法联立运算。事实上也可以像上一节那样分开运算，并封装成函数，不过要为函数设置更多的返回值。

程序 3.16 欧拉法和辛欧拉法联立运算的实现代码

```
1  old_t = t0
2  old_euler_theta = theta0
3  old_euler_omega = omega0
4  euler_t = np.array([t0])
5  euler_theta = np.array([theta0])
6  euler_omega = np.array([omega0])
```

```
 7  euler_energy = np.array([e0])
 8
 9  old_Seuler_theta = theta0
10  old_Seuler_omega = omega0
11  Seuler_t = np.array([t0])
12  Seuler_theta = np.array([theta0])
13  Seuler_omega = np.array([omega0])
14  Seuler_energy = np.array([e0])
15
16  for num_step in range(num_div_t):
17      new_t = old_t + h
18      new_euler_theta = old_euler_theta + h * f_th(
19          old_t, old_euler_theta, old_euler_omega)
20      new_euler_omega = old_euler_omega + h * f_om(
21          old_t, old_euler_theta, old_euler_omega)
22      new_Seuler_theta = old_Seuler_theta + h * f_th(
23          old_t, old_Seuler_theta, old_Seuler_omega)
24      new_Seuler_omega = old_Seuler_omega + h * f_om(
25          old_t, new_Seuler_theta, old_Seuler_omega)
26
27      old_t = new_t
28      old_euler_theta = new_euler_theta
29      old_euler_omega = new_euler_omega
30      old_Seuler_theta = new_Seuler_theta
31      old_Seuler_omega = new_Seuler_omega
32      euler_e = f_energy(old_euler_theta, old_euler_omega)
33      Seuler_e = f_energy(old_Seuler_theta,
            old_Seuler_omega)
34
```

```
35      euler_t = np.append(euler_t, old_t)
36      euler_theta = np.append(euler_theta, old_euler_theta)
37      euler_omega = np.append(euler_omega, old_euler_omega)
38      euler_energy = np.append(euler_energy, euler_e)
39
40      Seuler_t = np.append(Seuler_t, old_t)
41      Seuler_theta = np.append(Seuler_theta,
            old_Seuler_theta)
42      Seuler_omega = np.append(Seuler_omega,
            old_Seuler_omega)
43      Seuler_energy = np.append(Seuler_energy, Seuler_e)
```

程序 3.17 给出了古典四阶龙格-库塔法的实现代码。

程序 3.17   古典四阶龙格-库塔法的实现代码

```
1  old_t = t0
2  old_rk4_theta = theta0
3  old_rk4_omega = omega0
4
5  rk4_t = np.array([t0])
6  rk4_theta = np.array([theta0])
7  rk4_omega = np.array([omega0])
8  rk4_energy = np.array([e0])
9
10 k_th = [old_rk4_theta] * 4
11 k_om = [old_rk4_omega] * 4
12
13 for num_step in range(num_div_t):
14     new_t = old_t + h
15
16     k_th[0] = f_th(old_t, old_rk4_theta, old_rk4_omega)
```

```
17    k_om[0] = f_om(old_t, old_rk4_theta, old_rk4_omega)
18    k_th[1] = f_th(old_t + 0.5 * h,
19                   old_rk4_theta + 0.5 * h * k_th[0],
20                   old_rk4_omega + 0.5 * h * k_om[0])
21    k_om[1] = f_om(old_t + 0.5 * h,
22                   old_rk4_theta + 0.5 * h * k_th[0],
23                   old_rk4_omega + 0.5 * h * k_om[0])
24    k_th[2] = f_th(old_t + 0.5 * h,
25                   old_rk4_theta + 0.5 * h * k_th[1],
26                   old_rk4_omega + 0.5 * h * k_om[1])
27    k_om[2] = f_om(old_t + 0.5 * h,
28                   old_rk4_theta + 0.5 * h * k_th[1],
29                   old_rk4_omega + 0.5 * h * k_om[1])
30    k_th[3] = f_th(old_t + h,
31                   old_rk4_theta + h * k_th[2],
32                   old_rk4_omega + h * k_om[2])
33    k_om[3] = f_om(old_t + h,
34                   old_rk4_theta + h * k_th[2],
35                   old_rk4_omega + h * k_om[2])
36
37    new_rk4_theta = old_rk4_theta + h / 6.0 * (
38        k_th[0] + 2 * k_th[1] + 2 * k_th[2] + k_th[3])
39    new_rk4_omega = old_rk4_omega + h / 6.0 * (
40        k_om[0] + 2 * k_om[1] + 2 * k_om[2] + k_om[3])
41
42    old_t = new_t
43    old_rk4_theta = new_rk4_theta
44    old_rk4_omega = new_rk4_omega
45    rk4_e = f_energy(old_rk4_theta, old_rk4_omega)
```

```
46
47    rk4_t = np.append(rk4_t, old_t)
48    rk4_theta = np.append(rk4_theta, old_rk4_theta)
49    rk4_omega = np.append(rk4_omega, old_rk4_omega)
50    rk4_energy = np.append(rk4_energy, rk4_e)
```

下面我们分三个方面进行可视化。

1. 原方程的数值求解结果

程序 3.18 将欧拉法和辛欧拉法的结果绘制在同一张图上，作为对比，如图 3.27 所示。欧拉法和古典四阶龙格-库塔法的对比结果如图 3.28 所示，其绘图程序可参照程序 3.18 编写，不再重复给出。

程序 3.18　数值求解结果的可视化代码

```
1 plt.rcParams["font.family"] = ["Microsoft YaHei",
      "sans-serif"]
2 plt.plot(euler_t, euler_theta * 180.0 / np.pi, label = "
      欧拉法")
3 plt.plot(Seuler_t, Seuler_theta * 180.0 / np.pi, "r",
      label = " 辛欧拉法")
4 plt.xlabel("$t$")
5 plt.ylabel(" 角度/$^\\circ$")
6 plt.xticks(np.arange(int(t_interval[0]),
      int(t_interval[1]+1), 1))
7 plt.yticks(np.arange(-75.0, 76.0, 15.0))
8 plt.grid(True)
9 plt.legend()
10 plt.show()
```

可以看到，欧拉法由于数值误差的积累，描绘的单摆振幅逐渐增大，周期也变得不均匀；而辛欧拉法和古典四阶龙格-库塔法都准确给出了单摆在最大幅度 30° 范围内的周期性摆动。

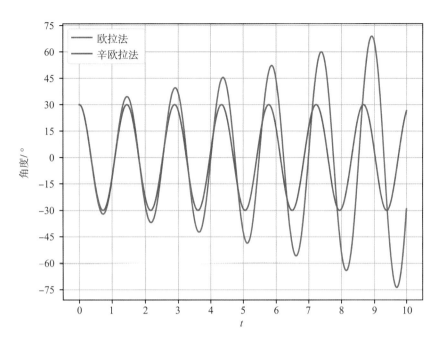

图 3.27　欧拉法和辛欧拉法的数值计算结果对比

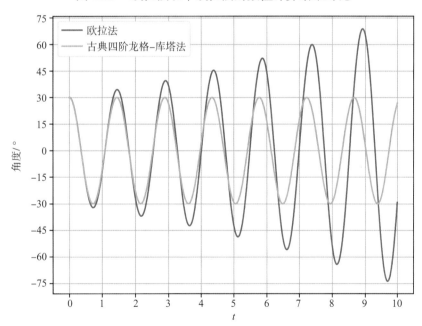

图 3.28　欧拉法和古典四阶龙格-库塔法的数值计算结果对比

2. 能量守恒的验证

程序 3.19 绘制数值计算过程中的能量计算结果，分为两个子图显示，如图 3.29 所示。

程序 3.19　能量计算结果的可视化代码

```
 1  fig, axes = plt.subplots(1, 2, figsize = (10.5, 3.5))
 2  axes[0].plot(np.array(t_interval), np.array([e0, e0]),
        "k--", label = "基准能量")
 3  axes[0].plot(euler_t, euler_energy, label = "欧拉法")
 4  axes[0].plot(Seuler_t, Seuler_energy, "r", label = "辛欧拉
        法")
 5  axes[0].set_xlabel("$t$")
 6  axes[0].set_ylabel("能量/J")
 7  axes[0].legend()
 8  axes[1].plot(np.array(t_interval), np.array([e0, e0]),
        "k--", label = "基准能量")
 9  axes[1].plot(Seuler_t, Seuler_energy, "r", label = "辛欧拉
        法")
10  axes[1].plot(rk4_t, rk4_energy, "y", label = "古典四阶龙
        格-库塔法")
11  axes[1].set_yticks(np.arange(0.60, 0.76, 0.01))
12  axes[1].set_xlabel("$t$")
13  axes[1].set_ylabel("能量/J")
14  axes[1].legend()
15  plt.show()
```

图 3.29 中，欧拉法的结果表现出由于数值误差的积累导致的"能量发散"的现象，这与图 3.27 和图 3.28 给出的摆动幅度越来越大的结果相吻合。辛欧拉法的结果基本上符合能量守恒定律，但数值误差的因素带来了能量计算结果的细微波动（注意左右两幅图纵轴尺度的区别）。相比之下，古典四阶龙格-库塔法是三种方法中最符合能量守恒定律的方法。

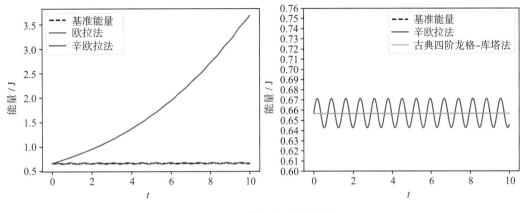

图 3.29　能量守恒的验证

3. 相空间演化的示意图

物理学上，一个或多个物体的运动状态由 n 个坐标自由度和 n 个速度自由度（或 n 个动量自由度）描述，构成 $2n$ 维的相空间。物体运动方程的解可以表示为相空间中的点随时间的变化，通过它构成的轨迹可以研究运动的一些性质。绘制相空间演化的代码由程序 3.20 给出。

程序 3.20　相空间演化的可视化代码

```
1 fig, axes = plt.subplots(1, 2, figsize = (10.5, 3.5))
2 axes[0].plot(euler_theta * 180.0 / np.pi, euler_omega,
      "--", label = "欧拉法")
3 axes[0].plot(Seuler_theta * 180.0 / np.pi, Seuler_omega,
      "r", label = "辛欧拉法")
4 axes[0].set_xticks(np.arange(-90.0, 91.0, 30.0))
5 axes[0].set_yticks(np.arange(-6.0, 6.1, 2.0))
6 axes[0].set_xlabel("角度/$^\\circ$")
7 axes[0].set_ylabel("角速度/(rad/s)")
8 axes[0].legend(loc = "upper right")
9
10 axes[1].plot(euler_theta * 180.0 / np.pi, euler_omega,
      "--", label = "欧拉法")
```

```
11 axes[1].plot(rk4_theta * 180.0 / np.pi, rk4_omega, "y",
      label = "龙格-库塔法")
12 axes[1].set_xticks(np.arange(-90.0, 91.0, 30.0))
13 axes[1].set_yticks(np.arange(-6.0, 6.1, 2.0))
14 axes[1].set_xlabel("角度/$^\\circ$")
15 axes[1].set_ylabel("角速度/(rad/s)")
16 axes[1].legend(loc = "upper right")
17
18 plt.show()
```

图 3.30 显示了数值运算给出的相空间演化示意图。其中，辛欧拉法和古典四阶龙格-库塔法的相空间轨迹为闭合的椭圆，很好地描述了周期性运动的性质：速度达到极值时，位置处于零点；位置达到极值时，速度处于零点。而欧拉法由于数值误差的累积，相空间的轨迹呈现螺旋式发散的形态。

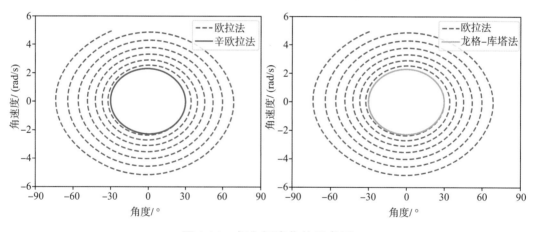

图 3.30　相空间演化的示意图

综上，我们对比了原始的欧拉法、古典四阶龙格-库塔法和辛欧拉法的结果。对于含有两个变量的微分方程组，辛欧拉法仅对欧拉法进行了一处改动，就用一阶的计算量达到接近四阶的精度。这并不是机缘巧合，而是基于背后的理论力学基础。

在实际的数值计算中，可以借助辛欧拉法的思路改进二阶或四阶的数值解法，将其运用于描述相空间演化的微分方程的数值求解过程，从而在同样的计算步长条件下大幅提高精度。但并非所有微分方程都适用这种方法。对于一般的微分方程，古典四阶龙格-库塔法仍然是通用的行之有效的数值解法。

延伸阅读　什么是"辛"？

理解"辛"（symplectic）的概念可以从线性空间的内积入手。在欧几里得空间中，对两个实向量进行内积运算得到一个实数：

$$\langle \boldsymbol{a}, \boldsymbol{b} \rangle = a_1 b_1 + a_2 b_2 + \cdots + a_n b_n \tag{3.47}$$

在基于复数的线性空间（酉空间）中，对两个复向量进行内积运算得到一个复数：

$$\langle \boldsymbol{\alpha}, \boldsymbol{\beta} \rangle = \alpha_1 \bar{\beta}_1 + \alpha_2 \bar{\beta}_2 + \cdots + \alpha_n \bar{\beta}_n \tag{3.48}$$

辛向量空间的维数限定为偶数。例如，一个实数上的 $2n$ 维线性空间，其中的两个向量用分量写作 $\boldsymbol{u} = (a_1, a_2, \cdots, a_n, b_1, b_2, \cdots, b_n)^{\mathrm{T}}$ 和 $\boldsymbol{v} = (c_1, c_2, \cdots, c_n, d_1, d_2, \cdots, d_n)^{\mathrm{T}}$，或者可用 n 维向量的形式简写为 $\boldsymbol{u}^{\mathrm{T}} = (\boldsymbol{a}^{\mathrm{T}}, \boldsymbol{b}^{\mathrm{T}})$ 和 $\boldsymbol{v}^{\mathrm{T}} = (\boldsymbol{c}^{\mathrm{T}}, \boldsymbol{d}^{\mathrm{T}})$。角标 T 代表将列向量转置为行向量。基于此，辛向量空间的内积（辛内积）将向量 $\boldsymbol{u}$ 和 $\boldsymbol{v}$ 进行运算得到一个实数，运算规则为

$$\omega(\boldsymbol{u}, \boldsymbol{v}) = (\boldsymbol{a}^{\mathrm{T}}, \boldsymbol{b}^{\mathrm{T}}) \begin{pmatrix} 0 & I_n \\ -I_n & 0 \end{pmatrix} \begin{pmatrix} \boldsymbol{c} \\ \boldsymbol{d} \end{pmatrix} = \langle \boldsymbol{a}, \boldsymbol{d} \rangle - \langle \boldsymbol{b}, \boldsymbol{c} \rangle \tag{3.49}$$

不难看出，辛内积是反对称的，也就是有 $\omega(\boldsymbol{u}, \boldsymbol{v}) = -\omega(\boldsymbol{v}, \boldsymbol{u})$。

辛向量空间的矩阵 $\boldsymbol{M}$ 称为辛矩阵，如果它满足以下条件：

$$\boldsymbol{M}^{\mathrm{T}} \begin{pmatrix} 0 & I_n \\ -I_n & 0 \end{pmatrix} \boldsymbol{M} = \begin{pmatrix} 0 & I_n \\ -I_n & 0 \end{pmatrix} \tag{3.50}$$

可以证明，辛矩阵 $\boldsymbol{M}$ 表示的线性变换作用到一对向量上，可以保持它们的辛内积不变，也就是 $\omega(\boldsymbol{M}\boldsymbol{u}, \boldsymbol{M}\boldsymbol{v}) = \omega(\boldsymbol{u}, \boldsymbol{v})$；另外，两个辛矩阵的乘积也是辛矩阵。这些性质类似于欧氏空间的正交矩阵，或者酉空间的酉矩阵（幺正矩阵）。

1. "辛"与理论力学的关系

"辛"的概念和相空间有很大关系。理论力学中的哈密顿方程由式 (3.51) 给出。它描述了物体在相空间中的坐标 (q_i, p_i) 和哈密顿量 H 之间的关系。其中，q_i 为广义坐标，p_i 为广义动量，$H = H(q_i, p_i, t)$ 为哈密顿量，具有能量的量纲。

$$\begin{cases} \dfrac{\partial q_i}{\partial t} = \dfrac{\partial H}{\partial p_i} \\ \dfrac{\partial p_i}{\partial t} = -\dfrac{\partial H}{\partial q_i} \end{cases} \tag{3.51}$$

事实上，将式 (3.41) 中的能量作为哈密顿量，将角度作为广义坐标，根据式 (3.51) 导出的哈密顿方程正是我们进行数值求解的方程组 (3.40)。

将式 (3.51) 改写为矩阵形式：

$$\frac{\partial}{\partial t}\begin{pmatrix} q_i \\ p_i \end{pmatrix} = \begin{pmatrix} 0 & I_n \\ -I_n & 0 \end{pmatrix}\begin{pmatrix} \partial H/\partial q_i \\ \partial H/\partial p_i \end{pmatrix} \tag{3.52}$$

另外，在哈密顿力学里，任意物理量随时间的变化由泊松括号描述：

$$\frac{\partial f}{\partial t} = \{f, H\} = \sum_i \left(\frac{\partial f}{\partial q_i}\frac{\partial H}{\partial p_i} - \frac{\partial f}{\partial p_i}\frac{\partial H}{\partial q_i} \right) \tag{3.53}$$

改写为矩阵形式：

$$\frac{\partial f}{\partial t} = \left(\frac{\partial f}{\partial q_i}, \frac{\partial f}{\partial p_i} \right)\begin{pmatrix} 0 & I_n \\ -I_n & 0 \end{pmatrix}\begin{pmatrix} \partial H/\partial q_i \\ \partial H/\partial p_i \end{pmatrix} \tag{3.54}$$

于是，我们在矩阵形式的哈密顿方程和泊松括号中见到了类似辛内积的运算方式。进一步深入描述它们背后的数学规律，需要用到微分几何的相关知识，在此不再赘述。

基于哈密顿方程的数值运算方法称为辛积分器。本节讲述的辛欧拉法就属于辛积分器的一种。具体的数学推导非常繁琐，感兴趣的读者可以参考相关材料[①]。

---

① https://en.wikipedia.org/wiki/Symplectic_integrator.

2. "辛"与复数的关系

另外，辛内积和复线性空间（酉空间）的内积也有一些关联。将 n 维酉空间看作 $2n$ 维线性空间，空间中的两个复向量 α 和 β 可以将实部和虚部展开，看作 $2n$ 维向量，有 $\alpha = a + bi \Rightarrow (a^T, b^T)$，$\beta = c + di \Rightarrow (c^T, d^T)$。将两个复向量的内积展开，结果为

$$\langle \alpha, \beta \rangle = \langle a + bi, c + di \rangle = (\langle a, c \rangle + \langle b, d \rangle) + (\langle b, c \rangle - \langle a, d \rangle)i \tag{3.55}$$

其实部和虚部分别用矩阵运算表示为

$$\begin{aligned}
\mathrm{Re}(\langle \alpha, \beta \rangle) &= \langle a, c \rangle + \langle b, d \rangle = (a^T, b^T) \begin{pmatrix} I_n & 0 \\ 0 & I_n \end{pmatrix} \begin{pmatrix} c \\ d \end{pmatrix} \\
\mathrm{Im}(\langle \alpha, \beta \rangle) &= \langle b, c \rangle - \langle a, d \rangle = -(a^T, b^T) \begin{pmatrix} 0 & I_n \\ -I_n & 0 \end{pmatrix} \begin{pmatrix} c \\ d \end{pmatrix}
\end{aligned} \tag{3.56}$$

由此可以看出，复向量空间中，内积的实部和虚部的计算规律分别类似 $2n$ 维欧几里得空间和 $2n$ 维辛向量空间。这也与"辛"这个术语的英文名称和中文译法有一定关系。

德国数学家、物理学家赫尔曼·外尔（Hermann Weyl）在撰写其著作《经典群：不变量及表示》（*The Classical Groups: Their Invariants and Representations*）时，为了将这个术语描述的性质与复数的性质区分开来，仿照"complex"的组词方式，并借助古希腊词语 συμπλεκτικός（拉丁化写法为 sumplektikós，含义为"扭曲""扭结"等）发明了"symplectic"一词，描述了辛内积运算的"扭曲"性。中文在翻译复向量空间的术语"unitary"时使用地支中的"酉"字作为音译，而后翻译"symplectic"时使用天干中的"辛"字作为对照。

第 **4** 章

航天中的物理

4.1 火箭升空背后的物理

"地球是人类的摇篮,但人类不可能永远生活在摇篮里。"这是苏联"航天之父"康斯坦丁·齐奥尔科夫斯基(Konstantin E. Tsiolkovsky)的名言。他在 20 世纪初提出的火箭方程是现代航天动力学的奠基性原理之一。本节我们将从动量守恒定律出发推导这个方程。

一枚运载火箭的绝大部分质量属于燃料和氧化剂,只有较少质量属于箭体、发动机和载荷等。例如,天宫空间站首个发射入轨的舱段——天和核心舱于 2021 年 4 月 29 日由长征五号 B 遥二运载火箭从海南文昌发射场发射成功。长征五号 B 型运载火箭的起飞质量在 840 吨左右,其近地轨道最大运载能力大于 22 吨,约为火箭总质量的 3%。那么,一枚火箭到底需要携带多少燃料?

设一枚火箭在某一时刻的质量为 m,飞行速度为 V_0。经过一个短暂的时间段 Δt,火箭发动机向后喷出质量为 Δm 的推进剂。设推进剂相对于火箭的速度为 v_e,喷出推进剂后火箭剩余部分的速度增加 ΔV。根据动量定理,火箭在喷出推进剂前后的动量遵循的关系如下:

$$m \cdot V_0 = (m - \Delta m) \cdot (V_0 + \Delta V) + \Delta m \cdot (V_0 - v_e) \tag{4.1}$$

实际的物理过程中,火箭的速度和质量连续地发生变化,需要将式 (4.1) 改写成微分方程。首先将式 (4.1) 合并和消除同类项,得到

$$m \cdot \Delta V = \Delta m \cdot \Delta V + \Delta m \cdot v_e \tag{4.2}$$

式 (4.2) 中 $\Delta m \cdot \Delta V$ 是比另外两项更加微小的二阶小量，可以舍去，于是有

$$m \cdot \Delta V = \Delta m \cdot v_{\mathrm{e}} \tag{4.3}$$

对式 (4.3) 两边分别除以时间段 Δt，并取 $\Delta t \to 0$ 时的极限。根据导数的定义 $\mathrm{d}V / \mathrm{d}t = \lim_{\Delta t \to 0} \Delta V / \Delta t$，于是有

$$m \cdot \frac{\mathrm{d}V}{\mathrm{d}t} = -v_{\mathrm{e}} \frac{\mathrm{d}m}{\mathrm{d}t} \tag{4.4}$$

这里需要解释的一点是，$\mathrm{d}m / \mathrm{d}t$ 作为火箭总质量 m 对时间的变化率，取正号时代表质量增加，取负号时代表质量减少，所以与式 (4.1)~式 (4.3) 中 Δm 的符号相反。

我们在第 3 章学习了大量的微分方程数值解法相关知识，不过式 (4.4) 可以用分离变量法直接求出解析解：

$$\mathrm{d}V = -v_{\mathrm{e}} \frac{\mathrm{d}m}{m}, \quad V(t) = -v_{\mathrm{e}} \int \frac{\mathrm{d}m}{m} = -v_{\mathrm{e}} |\ln m(t)| + C \tag{4.5}$$

令 $t = 0$ 时刻火箭的初始质量为 m_0，代入式 (4.5) 可得

$$V(t) = V_0 - v_{\mathrm{e}} \ln \frac{m(t)}{m_0} = V_0 + v_{\mathrm{e}} \ln \frac{m_0}{m(t)} \tag{4.6}$$

因此，火箭最终获得的速度增量 $V(t) - V_0$ 与两个因素有关：一是火箭发动机的喷气速度；二是火箭总质量和载荷质量之比。

1. 比冲量

比冲量，或称比冲（specific impulse）是评价火箭发动机燃烧效率的一个指标，定义为单位推进剂的量产生的冲量。如果用重量描述推进剂的量，比冲拥有时间量纲，国际单位为秒（s）；如果用质量描述推进剂的量，比冲拥有速度量纲，国际单位为米/秒（m/s）。

比冲与火箭的有效排气速度存在简单的数学关系。设火箭的有效排气速度为 v_{e}，重力加速度为 g，比冲 I_{sp} 如果以速度量纲描述，则等于的火箭有效排气速度，也就是 $I_{\mathrm{sp}} = v_{\mathrm{e}}$；如果以时间量纲描述，则 $I_{\mathrm{sp}} = v_{\mathrm{e}} / g$。

2. 火箭速度变化的计算和可视化

我们设初始时火箭在地面静止，初速度为 0m/s，火箭发动机排气速度分别为 1km/s、2km/s、3km/s、4km/s，通过 Python 的可视化探讨火箭末速度受其他参数的影响。相关代码见程序 4.1。

程序 4.1　火箭速度变化的可视化代码

```
1  import math
2  import numpy as np
3  import matplotlib.pyplot as plt
4
5  plt.rcParams["font.family"] = ["Microsoft YaHei",
       "sans-serif"]
6
7  v0 = 0 # [km/s]
8  ve = np.array([1.0, 2.0, 3.0, 4.0])
9  mass_ratio = np.arange(0.99, 0.005, -0.01)
10 vf_results = np.zeros([ve.size, mass_ratio.size])
11
12 for i, u in enumerate(ve):
13     for j, mratio in enumerate(mass_ratio):
14         vf_results[i][j] = v0 - u * math.log(mratio)
15
16 fig, axes = plt.subplots(1,2, figsize = (10, 3.5))
17 ve_labels = ["1.0 km/s", "2.0 km/s", "3.0 km/s", "4.0
       km/s"]
18 for i in range(ve.size):
19     axes[0].plot(
20         mass_ratio, vf_results[i][:],
21         label = ve_labels[i]
```

```
22        )
23  axes[0].plot(
24        np.array([1.00, 0.00]), np.array([7.9, 7.9]),
25        "k--", label = "第一宇宙速度"
26  )
27
28  for i in range(ve.size):
29        axes[1].plot(
30            mass_ratio, vf_results[i][:],
31            label = ve_labels[i]
32        )
33  axes[1].plot(
34        np.array([1.00, 0.00]), np.array([7.9, 7.9]),
35        "k--", label = "第一宇宙速度"
36  )
37
38  axes[0].invert_xaxis()
39  axes[0].legend()
40  axes[0].set_xlim(1.00, 0.00)
41  axes[0].set_xlabel("质量比")
42  axes[0].set_ylabel("末速度/(km/s)")
43  axes[0].set_title("线性坐标")
44
45  axes[1].invert_xaxis()
46  axes[1].legend()
47  axes[1].set_xscale("log")
48  axes[1].set_xlim(1.00, 0.01)
49  axes[1].set_xlabel("质量比")
50  axes[1].set_ylabel("末速度/(km/s)")
```

```
51  axes[1].set_title("对数坐标")

52

53  plt.show()
```

运行程序 4.1 得到的结果如图 4.1 所示。图中分别用线性坐标和对数坐标来绘制结果，并绘制了第一宇宙速度（7.9km/s）作为对比。

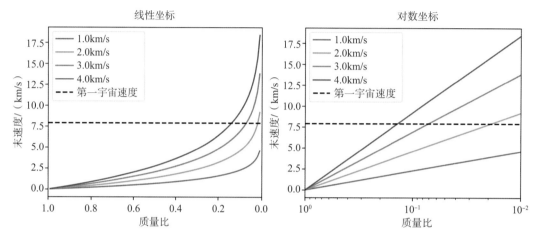

图 4.1   不同发动机排气速度下火箭末速度的对比

为了讨论图 4.1 显示的结果，不妨将式 (4.6) 改写为

$$\frac{m}{m_0} = e^{-\frac{V - V_0}{v_e}} \tag{4.7}$$

因此，当火箭发动机排气速度达到 3.0km/s 和 4.0km/s 时，设目标速度为第一宇宙速度，可以算出理论上能够推动的最大载荷质量占比分别约为 7.2% 和 13.8%。根据图 4.1 右边的对数坐标，不难推测，排气速度为 1.0km/s 的火箭理论上也能达到第一宇宙速度，但是允许的载荷质量占比小于千分之一，所以这样的火箭不是一种经济的运载火箭。

作为参考，现阶段固体火箭助推器的排气速度为 2.5~3km/s；液氧煤油发动机的排气速度在 3km/s 左右；氢氧发动机的排气速度在 4.5km/s 左右。氢氧发动机有着最好的推进性能，但它的结构也最为复杂。现代运载火箭往往采取多级火箭的模式，比如第一级使用液氧煤油发动机，并使用固体火箭助推器辅助推进，第二级及以上采用氢氧发动机。

4.2　火箭发动机的拉瓦尔喷管

根据上一节的知识，我们得知，为了让火箭将更重的载荷送入预定轨道，一方面需要更多的推进剂，另一方面也需要强大的发动机输出高速气流。现代的火箭发动机是高端制造业的代表。图 4.2 所示为 2018 年珠海航展中展出的 YF-100K 火箭发动机模型。YF-100 系列液氧煤油发动机用于为中国空间站工程研制的长征五号和长征七号等一系列运载火箭。图中展示的 YF-100K 型火箭发动机截至本书编写时尚在研发中，有望用于新一代运载火箭。

图 4.2　2018 年珠海航展中展出的 YF-100K 液氧煤油发动机模型

图 4.3 所示结构称为拉瓦尔喷管，由瑞典人古斯塔夫·拉瓦尔（Gustaf de Laval）发明。推进剂（燃料和氧化剂）被泵入燃烧室内燃烧，产生高温高压的燃气，然后经过一个前窄后宽的喷管向外喷出。拉瓦尔喷管的工作原理是气体在亚音速和超音速下的不同性质：从燃烧室流出的燃气处于亚音速状态，经过喷管收窄的部分时压缩并加速，在喷管的最窄处（喉部）达到音速；从喉部流出的气体在超音速状态下膨胀并进一步加速，从喷嘴喷出时处于超音速状态。通过拉瓦尔喷管的结构，推进剂燃烧释放的内能（以图 4.3 中的温度或压强表示）最大程度地转换为动能（以速度表示），从而为火箭提供强大的推力。

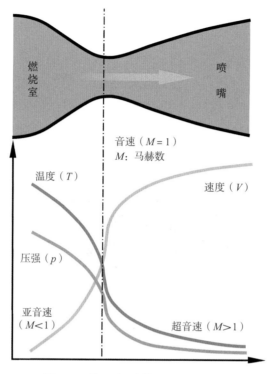

图 4.3　拉瓦尔喷管的结构示意图

4.2.1　拉瓦尔喷管的出口设计

　　拉瓦尔喷管的设计重点是正确估计喷管出口的燃气压强。如图 4.3 所示，在喷管出口，经过充分膨胀，燃气被加速到超音速，同时温度和压强下降。当喷管出口的燃气压强与外界压强（如大气压）平衡时，处于最佳膨胀的状态，如图 4.4(a) 所示。此时，充分加速的燃气从喷管出口稳定排出，为火箭提供稳定的推力，最大化发动机的性能。

　　如果喷管出口开得太大，燃气会在喷管出口处于过膨胀的状态，如图 4.4(b) 所示，此时，喷管出口的燃气压强小于外界压强。当过膨胀的程度较大时，可能会使外界的气流压入喷管内，产生激波或者湍流等，如图 4.4(c) 所示，这会影响发动机提供给火箭的推力，也会使发动机变得不稳定，所以是不理想的工况。

　　反之，如果喷管出口开得太小，燃气会在喷管出口处于欠膨胀的状态，如图 4.4(d) 所示。此时，燃气压强大于外界压强，流出喷管之后将继续膨胀，直到和外界压强平衡。欠膨胀的状态意味着燃气在喷管内未能充分膨胀而获得更高的速度，所以浪费了一部分推力。

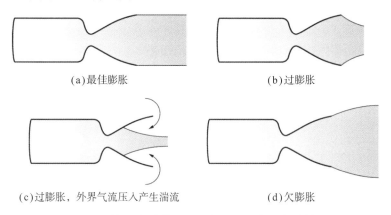

(a)最佳膨胀　　　　　　　　　　(b)过膨胀

(c)过膨胀，外界气流压入产生湍流　　　(d)欠膨胀

图 4.4　拉瓦尔喷管的不同开口导致的膨胀情况

根据喷气发动机的相关工程理论，喷管出口的面积和燃气压强的关系可近似表示为

$$\frac{A_e}{A_t} = \frac{\left(\dfrac{2}{\gamma+1}\right)^{\frac{1}{\gamma-1}}\left(\dfrac{p_c}{p_e}\right)^{\frac{1}{\gamma}}}{\sqrt{\dfrac{\gamma+1}{\gamma-1}\left(1-\left(\dfrac{p_c}{p_e}\right)^{\frac{1-\gamma}{\gamma}}\right)}} \tag{4.8}$$

其中，A_t 和 A_e 分别为喷管喉部和出口的截面积；p_c 和 p_e 分别为燃气在燃烧室（喉部）和喷管出口的压强；γ 为气体的绝热指数，定义为比定压热容 c_p 和比定积热容 c_V 之比，对于单原子理想气体有 $\gamma = 5/3$，火箭燃烧室内的燃气 γ 值一般在 1.1~1.4。

为了简化式 (4.8)，我们进行一些变量代换。令 $\varepsilon = A_e / A_t$ 为喷管出口和喉部的面积之比，令 $X = p_c / p_e$ 为燃烧室（喉部）和喷管出口的压强之比，ε 和 X 均为无量纲的量。式 (4.8) 可简化为

$$\varepsilon = G(X) = \frac{\left(\dfrac{2}{\gamma+1}\right)^{\frac{1}{\gamma-1}} X^{\frac{1}{\gamma}}}{\sqrt{\dfrac{\gamma+1}{\gamma-1}\left(1-X^{\frac{1-\gamma}{\gamma}}\right)}} \tag{4.9}$$

当压强比 X 已知时，通过式 (4.9) 容易求得面积比 ε；反之，已知面积比 ε 求解压强比 X 的问题困难得多，需要使用数值解法。

例如，设 $\gamma = 1.2$，通过程序 4.2 绘制 ε 作为 X 的函数图像，如图 4.5 所示。其中，程序第 9 行调用了 NumPy 提供的 vectorize 函数，它将程序第 5 行定义的用于普通浮点数的函数 G() 转换为用于 NumPy 数组的函数 G1()。

程序 4.2   喷管出口面积和压强关系的可视化代码

```
1  import math
2  import numpy as np
3  import matplotlib.pyplot as plt
4
5  def G(X, k):
6      G_X = (2/(k+1))**(1/(k-1)) * (X ** (1/k)) /
              math.sqrt((k+1)/(k-1)*(1-X**((1-k)/k)))
7      return G_X
8  X = np.arange(10, 2000.0, 1.0)
9  G1 = np.vectorize(lambda x: G(x, 1.2))
10 Y = G1(X)
11
12 plt.plot(X, Y, 'b-', label = "$\\gamma = 1.2$")
13 plt.xlabel("$X = p_c/p_e$")
14 plt.ylabel("$\\varepsilon = A_e / A_t$")
15 plt.legend()
16 plt.grid()
17 plt.show()
```

4.2.2   复杂方程的数值解法——牛顿迭代法

接下来我们借助牛顿迭代法解决式 (4.9) 中已知 ε 求解 X 的问题。

牛顿迭代法，又称切线法，顾名思义是借助函数的切线（导数）递归求解方程的解的方法。如图 4.6 所示，假设待求解的方程 $f(x) = 0$ 有解 $x = x_{\text{Ans}}$。设某

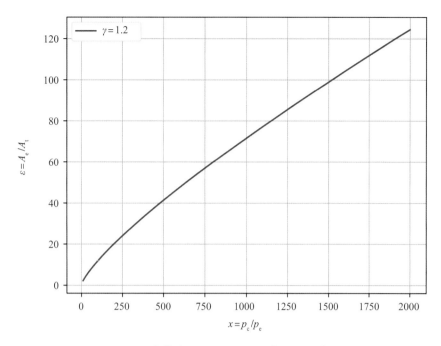

图 4.5　喷管出口面积和压强关系的示意图

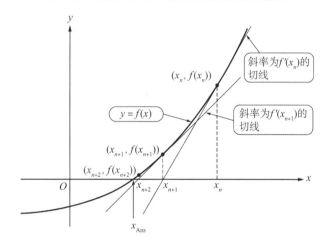

图 4.6　牛顿迭代法的示意图

次迭代对解的估计值为 x_n，通过函数上对应的点 $(x_n, f(x_n))$ 作函数 $y = f(x)$ 的切线，与 x 轴的交点横坐标为 x_{n+1}，x_{n+1} 即为对解的一个更精确的估计，其表达式如下：

$$x_{n+1} = x_n - \frac{f(x_n)}{f'(x_n)} \tag{4.10}$$

有些读者在接触牛顿迭代法时，会对它是否收敛产生顾虑。以下命题保证了牛顿迭代法的收敛性。

若 $f(x)$ 具有连续的导数，且在方程 $f(x) = 0$ 的解 $x = x_{Ans}$ 处的导数 $f'(x_{Ans})$ 不为 0，则在 $x = x_{Ans}$ 周围存在一个区间，使得牛顿迭代法在区间内收敛。

式 (4.10) 中包含对函数的导数。当函数 $f(x)$ 的表达式已知时，既可以通过计算导函数 $f'(x)$ 的表达式求出导数，也可以通过数值微分的方法计算导数。因为式 (4.9) 本身比较复杂，其导函数的表达式预计更加复杂，所以本节采用数值微分的方法。

从导数的定义出发可以直接得到数值微分的前向差分法：

$$f'(a) = \lim_{h \to 0} \frac{f(a+h) - f(a)}{h} \approx \frac{f(a+h) - f(a)}{h} \tag{4.11}$$

此外还包括后向差分法和中心差分法：

$$f'(a) = \lim_{h \to 0} \frac{f(a) - f(a-h)}{h} \approx \frac{f(a) - f(a-h)}{h} \tag{4.12}$$

$$f'(a) = \lim_{h \to 0} \frac{f(a+h) - f(a-h)}{2h} \approx \frac{f(a+h) - f(a-h)}{2h} \tag{4.13}$$

程序 4.3 给出了式 (4.11)~ 式 (4.13) 表达的数值微分方法的实现代码。程序 4.3 同时使用一个简单的函数 $f(x) = x^3 - 8$ 验证数值微分的结果，其导函数 $f'(x) = 3x^2$ 当 $x = 3$ 时的结果为 27。

程序 4.3　数值微分的实现和验证代码

```
1 def diff_forward(f, x, h):
2     return (f(x+h) - f(x))/h
3
4 def diff_backward(f, x, h):
5     return (f(x) - f(x-h))/h
6
7 def diff_center(f, x, h):
8     return (f(x+h) - f(x-h))/(2 * h)
```

```
9
10  f = lambda x: x**3 - 8
11  h = 0.0001
12  x0 = 3
13  print("前向差分: ", diff_forward(f, x0, h))
14  print("后向差分: ", diff_backward(f, x0, h))
15  print("中心差分: ", diff_center(f, x0, h))
```

其输出结果为

```
前向差分:  27.00090001006572
后向差分:  26.999100010058896
中心差分:  27.00000001006231
```

结果表明，中心差分相比前向差分和后向差分有更高的精度，有点类似于我们在第 3 章介绍的中点法。在程序 4.4 中，我们使用中心差分法实现牛顿迭代法，并尝试通过 9 次迭代对方程求解。

程序 4.4　牛顿迭代法的实现和验证

```
1  def newton_method(f, x0):
2      x = x0
3      h = 0.0001
4      print(f"x_0 = {x0}")
5      for n in range(9):
6          #
7          x1 = x - f(x)/(diff_center(f, x, h))
8          #
9          print(f"x_{n+1} = {x1}")
10         #
11         x = x1
12     return x
```

```
13
14 x_0 = 6
15 x_solve = newton_method(f, x_0)
16 print(f"x_solve = {x_solve}")
```

其输出结果为

```
x_0 = 6
x_1 = 4.074074074249512
x_2 = 2.876710540081007
x_3 = 2.240044767081131
x_4 = 2.024804520985633
x_5 = 2.000302622746513
x_6 = 2.0000000457812797
x_7 = 2.000000000000001
x_8 = 2.0
x_9 = 2.0
x_solve = 2.0
```

结果表明，因为我们为方程 $f(x) = x^3 - 8 = 0$ 设置的初始值是 $x = 6$，与真实解 $x = 2$ 相差较大，所以经过 8 次迭代才收敛到足够高的精度。因此，用一个较好的估计值作为牛顿迭代法的初始值，有助于提高迭代的效率。

回到原来的问题。要求解的方程为 $G(X) - \varepsilon = 0$，$G(X)$ 由式 (4.9) 给出，定义于程序 4.2 的第 5~9 行。设 $\varepsilon = 100$，从图 4.5 中可以观察到解的初值在 1500 附近，于是取 $X_0 = 1500$。求解代码见程序 4.5。

程序 4.5 求解原方程的代码

```
1 epsilon = 100.0
2 X_0 = 1500.0
3
4 F = lambda x: G(x, 1.2) - epsilon
```

```
5
6 X_solve = newton_method(F, X_0)
7 print(f"X_solve = {X_solve}")
```

其输出结果为

```
x_0 = 1500.0
x_1 = 1521.0463172199777
x_2 = 1521.074473359875
x_3 = 1521.0744734097034
x_4 = 1521.0744734097032
x_5 = 1521.0744734097032
x_6 = 1521.0744734097032
x_7 = 1521.0744734097032
x_8 = 1521.0744734097032
x_9 = 1521.0744734097032
X_solve = 1521.0744734097032
```

结果表明,由于初值选取得比较好,经过 4 次迭代就收敛到足够高的精度。

最后讨论一下这个解的实际意义。火箭发动机燃烧室的典型压强为 10MPa,当 $\varepsilon = 100$,亦即喷口截面积是喉部的 100 倍时,喷口处的压强是燃烧室压强的约 1/1521,约 0.0066MPa,相当于 0.066 个大气压。这表明,这款发动机的典型工作环境应该是火箭的第二级或者第三级,当它点火时,火箭上升到空气十分稀薄的近地空间,能够让这款发动机达到最佳膨胀状态。而想要在地面测试这款发动机的性能,需要创造一个接近真空的环境。

4.3 万有引力和轨道运算

前两节我们探讨了航天器在发射阶段遇到的问题。本节我们将讨论航天器发射后的关键问题——运行轨道。航天器的运动轨道由万有引力定律以及牛顿第二定律给出。借助高精度的数值运算,我们可以预测或设计航天器在整个运行过程中的轨道,并且确定轨道调整的时机和速度变化。

4.3.1 从万有引力定律到卫星运动方程

宏观、低速条件下，两个物体之间的万有引力与这两个物体的质量成正比，与两个物体之间距离的平方成反比，比例系数称为万有引力常数 G：

$$F = G\frac{m_1 m_2}{r^2} \tag{4.14}$$

如图 4.7 所示，一颗人造地球卫星在地球引力作用下公转。在卫星公转的平面上，某一时刻卫星的坐标为 (x, y)。此时，卫星受到的引力大小为

$$F = G\frac{M_{\mathrm{E}}m}{r^2} = G\frac{M_{\mathrm{E}}m}{x^2 + y^2} \tag{4.15}$$

其中，M_{E} 和 m 分别为地球和卫星的质量。

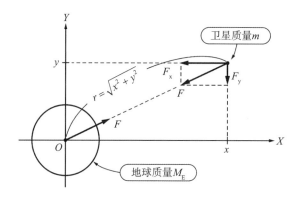

图 4.7 人造地球卫星的受力分析

根据图 4.7 将卫星受到的引力分解为 x 和 y 两个方向的分量，有

$$F_{\mathrm{x}} = F \cdot \left(-\frac{x}{\sqrt{x^2 + y^2}}\right) = -GM_{\mathrm{E}}m\frac{x}{(x^2 + y^2)^{3/2}} \tag{4.16}$$

$$F_{\mathrm{y}} = F \cdot \left(-\frac{y}{\sqrt{x^2 + y^2}}\right) = -GM_{\mathrm{E}}m\frac{y}{(x^2 + y^2)^{3/2}} \tag{4.17}$$

将 $F_{\mathrm{x}} = ma_{\mathrm{x}} = m\mathrm{d}v_{\mathrm{x}}/\mathrm{d}t$ 和 $F_{\mathrm{y}} = ma_{\mathrm{y}} = m\mathrm{d}v_{\mathrm{y}}/\mathrm{d}t$ 代入式 (4.16) 和式 (4.17)，消去卫星的质量 m，得到卫星速度分量 v_{x} 和 v_{y} 遵循的微分方程：

$$\frac{\mathrm{d}v_{\mathrm{x}}}{\mathrm{d}t} = -GM_{\mathrm{E}}\frac{x}{(x^2 + y^2)^{3/2}} \tag{4.18}$$

$$\frac{\mathrm{d}v_{\mathrm{y}}}{\mathrm{d}t} = -GM_{\mathrm{E}}\frac{y}{(x^2 + y^2)^{3/2}} \tag{4.19}$$

回忆 3.4 节介绍的相关内容，由于速度是位移对时间的导数，补充以下两个方程：

$$\frac{\mathrm{d}x}{\mathrm{d}t} = v_x \tag{4.20}$$

$$\frac{\mathrm{d}y}{\mathrm{d}t} = v_y \tag{4.21}$$

式 (4.18) ~ 式 (4.21) 共同构成完整的人造地球卫星的运动方程。在第 3 章我们以单摆为例，通过辛欧拉法和古典四阶龙格-库塔法求解具有类似形式的运动方程。为了获得较高的卫星轨道精度，本节我们采用古典四阶龙格-库塔法对卫星的位置 x, y 和速度 v_x, v_y 联立求解，见程序 4.6。

程序 4.6　使用古典四阶龙格-库塔法求解人造地球卫星运动轨道

```
1  import numpy as np
2  def rk4_solution(t_start, t_end, dt, x_start, y_start,
       vx_start, vy_start):
3      f_vx = lambda x, y: -G * M_E * x / ((x**2 +
           y**2)**(3/2))
4      f_vy = lambda x, y: -G * M_E * y / ((x**2 +
           y**2)**(3/2))
5
6      t_list = np.arange(t_start, t_end, dt)
7      x_list = np.zeros(t_list.size)
8      y_list = np.zeros(t_list.size)
9      vx_list = np.zeros(t_list.size)
10     vy_list = np.zeros(t_list.size)
11
12     old_x = x_start
13     old_y = y_start
14     old_vx = vx_start
15     old_vy = vy_start
```

```
16
17      x_list[0] = x_start
18      y_list[0] = y_start
19      vx_list[0] = vx_start
20      vy_list[0] = vy_start
21
22      for i in range(1, t_list.size):
23          k1_vx = f_vx(old_x, old_y)
24          k1_vy = f_vy(old_x, old_y)
25          k1_x = old_vx
26          k1_y = old_vy
27          k2_vx = f_vx(old_x + k1_x * dt/2, old_y + k1_y *
                  dt/2)
28          k2_vy = f_vy(old_x + k1_x * dt/2, old_y + k1_y *
                  dt/2)
29          k2_x = old_vx + k1_vx * dt/2
30          k2_y = old_vy + k1_vy * dt/2
31          k3_vx = f_vx(old_x + k2_x * dt/2, old_y + k2_y *
                  dt/2)
32          k3_vy = f_vy(old_x + k2_x * dt/2, old_y + k2_y *
                  dt/2)
33          k3_x = old_vx + k2_vx * dt/2
34          k3_y = old_vy + k2_vy * dt/2
35          k4_vx = f_vx(old_x + k3_x*dt, old_y + k3_y*dt)
36          k4_vy = f_vy(old_x + k3_x*dt, old_y + k3_y*dt)
37          k4_x = old_vx + k3_vx*dt
38          k4_y = old_vy + k3_vy*dt
39
```

```
40        new_vx = old_vx + dt * (k1_vx + 2 * k2_vx + 2 *
              k3_vx + k4_vx) / 6.0

41        new_vy = old_vy + dt * (k1_vy + 2 * k2_vy + 2 *
              k3_vy + k4_vy) / 6.0

42        new_x = old_x + dt * (k1_x + 2 * k2_x + 2 * k3_x +
              k4_x) / 6.0

43        new_y = old_y + dt * (k1_y + 2 * k2_y + 2 * k3_y +
              k4_y) / 6.0

44

45        vx_list[i] = new_vx

46        vy_list[i] = new_vy

47        x_list[i] = new_x

48        y_list[i] = new_y

49

50        old_vx = new_vx

51        old_vy = new_vy

52        old_x = new_x

53        old_y = new_y

54

55    return t_list, x_list, y_list, vx_list, vy_list
```

4.3.2　卫星轨道的相关参数

本节探讨一个有实际意义的例子——向地球静止轨道发射卫星。由于地球静止轨道很高，如果将卫星直接发射到地球静止轨道，火箭燃料成本过高，所以让卫星先在低地球轨道停泊，再在适当的时机通过地球同步转移轨道进入地球静止轨道，如图 4.8 所示。

1. 低地球轨道

低地球轨道（low earth orbit，LEO）位于距离地面 200~2000 km 高度范围。截至本书编写时，位于 LEO 的航天器主要包括国际空间站、天宫空间站、哈

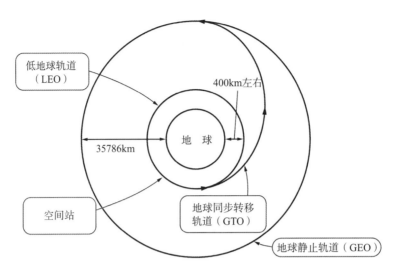

图 4.8　人造地球卫星发射至地球静止轨道的过程

勃太空望远镜、铱星通信卫星等。特别地，空间站的轨道高度一般在 400km 左右。选取这个轨道高度的目的之一是避开环绕地球的范艾伦辐射带。它是地球周围的一个含有高能电子和质子的区域，距离地面的最低高度通常为 600km，但是如果有剧烈的太阳耀斑等爆发活动对地球周围的带电粒子环境产生扰动，辐射带的高度可能会发生变化。因此，选取空间站的轨道高度时需要考虑带电粒子环境对航天员健康安全和航天器本身的设备安全可能产生的不利影响。

本节我们选取高度为 400km 左右的 LEO，半径为 $r_L = h_L + R_E = 6778.1$km，其运行速度和周期分别为

$$v_L = \sqrt{\frac{GM_E}{R_E + h_L}} \approx 7.7\,\text{km/s} \tag{4.22}$$

$$T_L = \frac{2\pi r_L}{v_L} = 2\pi \frac{(R_E + h_L)^{3/2}}{\sqrt{GM_E}} \approx 93\,\text{min} \tag{4.23}$$

2. 地球静止轨道

地球静止轨道（geostationary earth orbit，GEO）是地球同步轨道（geosynchronous orbit）的一种，是一条位于地球赤道平面、以地球质心为圆心的圆轨道，其周期等于地球自转周期 23 小时 56 分 4 秒，因此，沿着地球静止轨道运动的卫星，在随着地球自转的参考系中相对地球是静止的。地球静止轨道适合部署通信、气象等用途的卫星，如中国的中星系列通信卫星和风云系列气象卫星。

地球静止轨道的半径、高度和速度参数可通过周期求得

$$r_{\mathrm{G}} = \left(\frac{T_{\mathrm{G}} \sqrt{GM_{\mathrm{E}}}}{2\pi} \right)^{2/3} \approx 42786 \, \mathrm{km} \tag{4.24}$$

$$h_{\mathrm{G}} = r_{\mathrm{G}} - R_{\mathrm{E}} \approx 35786 \, \mathrm{km} \tag{4.25}$$

$$v_{\mathrm{G}} = \sqrt{\frac{GM_{\mathrm{E}}}{r_{\mathrm{G}}}} \approx 3.1 \, \mathrm{km/s} \tag{4.26}$$

3. 地球同步转移轨道

地球同步转移轨道（geostationary transfer orbit，GTO）属于霍曼转移轨道，是发射高轨卫星时较为节省能量的轨道方案。GTO 呈椭圆形，其近地点和远地点分别同 LEO 和 GEO 相切，轨道半长轴的长度为 $r_{\mathrm{T}} = (r_{\mathrm{L}} + r_{\mathrm{G}})/2$。

设 GTO 在近地点和远地点的速度分别为 v_{P} 和 v_{A}。根据角动量守恒和能量守恒定律，v_{P} 和 v_{A} 满足以下方程：

$$\frac{1}{2} r_{\mathrm{L}} v_{\mathrm{P}} = \frac{1}{2} r_{\mathrm{G}} v_{\mathrm{A}} \tag{4.27}$$

$$\frac{1}{2} m v_{\mathrm{P}}^2 - \frac{GM_{\mathrm{E}}m}{r_{\mathrm{L}}} = \frac{1}{2} m v_{\mathrm{A}}^2 - \frac{GM_{\mathrm{E}}m}{r_{\mathrm{G}}} \tag{4.28}$$

联立求解得到 v_{P} 和 v_{A} 的表达式为

$$v_{\mathrm{P}} = \sqrt{\frac{2GM_{\mathrm{E}}r_{\mathrm{G}}}{r_{\mathrm{L}}(r_{\mathrm{L}} + r_{\mathrm{G}})}} = \sqrt{\frac{GM_{\mathrm{E}}r_{\mathrm{G}}}{r_{\mathrm{L}}r_{\mathrm{T}}}} \tag{4.29}$$

$$v_{\mathrm{A}} = \sqrt{\frac{2GM_{\mathrm{E}}r_{\mathrm{L}}}{r_{\mathrm{G}}(r_{\mathrm{L}} + r_{\mathrm{G}})}} = \sqrt{\frac{GM_{\mathrm{E}}r_{\mathrm{L}}}{r_{\mathrm{G}}r_{\mathrm{T}}}} \tag{4.30}$$

卫星从 LEO 进入 GTO 时进行第一步加速，速度增量为 $\Delta V_1 = v_{\mathrm{P}} - v_{\mathrm{L}} \approx 2.4 \, \mathrm{km/s}$；从 GTO 进入 GEO 时进行第二步加速，速度增量为 $\Delta V_1 = v_{\mathrm{G}} - v_{\mathrm{A}} \approx 1.5 \, \mathrm{km/s}$。

另外，由开普勒第三定律可知，椭圆轨道的周期平方和半长轴立方成正比：

$$\frac{T_{\mathrm{T}}^2}{r_{\mathrm{T}}^3} = \frac{T_{\mathrm{L}}^2}{r_{\mathrm{L}}^3} = \frac{T_{\mathrm{G}}^2}{r_{\mathrm{G}}^3} \tag{4.31}$$

由此可借助 LEO 或者 GEO 的相关参数求出 GTO 的周期：

$$T_{\mathrm{T}} = T_{\mathrm{L}} \left(\frac{r_{\mathrm{T}}}{r_{\mathrm{L}}} \right)^{3/2} = T_{\mathrm{G}} \left(\frac{r_{\mathrm{T}}}{r_{\mathrm{G}}} \right)^{3/2} \tag{4.32}$$

轨道相关参数的计算代码见程序 4.7。

程序 4.7　轨道参数的计算代码

```
1  import math
2  # 常量
3  G = 6.6743E-11   # 万有引力常数 [N*m^2/kg^2]
4  M_E = 5.9722E24 # 地球质量 [kg]
5  R_E = 6.3781E6  # 地球赤道半径 [m]
6
7  # 低地球轨道（LEO）参数
8  h_L = 4.00E5    # 距离地面高度 [m]
9  r_L = h_L + R_E # 半径 [m]
10 v_L = math.sqrt(G*M_E/r_L) # 速度 [m/s]
11 T_L = 2 * math.pi * (r_L ** (3/2)) / math.sqrt(G*M_E) # 周
      期 [s]
12 print("LEO: ")
13 print("- 高度: ", h_L/1000, "km")
14 print("- 半径: ", r_L/1000, "km")
15 print("- 速度: ", v_L/1000, "km/s")
16 print("- 周期: ", T_L, "s")
17
18 # 地球静止轨道（GEO）参数
19 T_G = 86164      # 周期 [s]
20 r_G = (math.sqrt(G*M_E)/ (2 * math.pi) * T_G) ** (2/3) #
      半径 [m]
21 h_G = r_G - R_E # 高度 [m]
22 v_G = math.sqrt(G*M_E/r_G) # 速度 [m/s]
```

```
23  print("GEO: ")
24  print("- 高度: ", h_G/1000, "km")
25  print("- 半径: ", r_G/1000, "km")
26  print("- 速度: ", v_G/1000, "km/s")
27  print("- 周期: ", T_G, "s")
28
29  # 霍曼转移轨道参数
30  r_T = (r_L + r_G) / 2.0 #
31  v_P = math.sqrt(G*M_E*r_G/(r_L*r_T)) #
32  v_A = math.sqrt(G*M_E*r_L/(r_G*r_T)) #
33  DV1 = v_P - v_L
34  DV2 = v_G - v_A
35  T_T = T_G*(r_T/r_G)**(3/2)
36  print("转移轨道: ")
37  print("- 半长轴: ", r_T/1000, "km")
38  print("- 近地点速度: ", v_P/1000, "km/s")
39  print("- 远地点速度: ", v_A/1000, "km/s")
40  print("- 近地点加速: ", DV1/1000, "km/s")
41  print("- 远地点加速: ", DV2/1000, "km/s")
42  print("- 周期: ", T_T, "s")
43
44  T_DV1 = 0.75 * T_L
45  T_DV2 = T_DV1 + T_T/2
46  T_fin = T_DV2 + T_G
47  print("时刻: ")
48  print("- 第一次点火时刻: ", T_DV1, "s")
49  print("- 第二次点火时刻: ", T_DV2, "s")
50  print("- 最终时刻: ", T_fin, "s")
```

其输出结果为

```
LEO:
- 高度: 400.0 km
- 半径: 6778.1 km
- 速度: 7.668599333383718 km/s
- 周期: 5553.564148956817 s
GEO:
- 高度: 35786.11424504752 km
- 半径: 42164.21424504752 km
- 速度: 3.074666582717321 km/s
- 周期: 86164 s
转移轨道:
- 半长轴: 24471.157122523764 km
- 近地点速度: 10.06608979960984 km/s
- 远地点速度: 1.6181722935522127 km/s
- 近地点加速: 2.3974904662261207 km/s
- 远地点加速: 1.4564942891651083 km/s
- 周期: 38097.07152066439 s
时刻:
- 第一次点火时刻: 4165.173111717613 s
- 第二次点火时刻: 23213.708872049807 s
- 最终时刻: 109377.70887204981 s
```

4.3.3　卫星运行轨迹的计算和可视化

我们设计卫星运行轨迹如下：

①卫星首先在距离地球400km左右的LEO上运行3/4周。

②进行第一次点火，卫星从近地点进入GTO，运行半个椭圆轨道。

③进行第二次点火，卫星从GTO的远地点进入GEO，运行一周。

首先准备一个函数，用于绘制不同参数下的轨道图像，见程序4.8。

程序 4.8　绘制轨道图像的代码

```python
import matplotlib.pyplot as plt
import matplotlib.patches as plt_pat

def plot_orbit(fig, x_arr, y_arr, lim,
               add_GTO, add_GEO,
               add_DV1, add_DV2):
    """
    绘图函数

    @param fig: 由 plt.figure() 生成的对象
    @param x_arr: 轨迹的 x 坐标数组
    @param y_arr: 轨迹的 y 坐标数组
    @param lim: 坐标轴范围（正方形）
    @param add_GTO: 设为 True 以绘制转移轨道背景
    @param add_GEO: 设为 True 以绘制静止轨道背景
    @param add_DV1: 设为 True 以绘制第一次点火
    @param add_DV2: 设为 True 以绘制第二次点火
    """
    ax = fig.add_subplot(111)
    ax.grid(linestyle = "dotted")
    scale = 0.001
    ax.set_xlim(-lim, lim)
    ax.set_ylim(-lim, lim)

    ax.plot(x_arr * scale, y_arr * scale, "r-")
    ax.plot(x_arr[-1] * scale, y_arr[-1] * scale, "bs")

    Earth = plt_pat.Circle(
        xy = (0, 0), radius = R_E * scale,
```

```
30          color = "blue")
31      ax.add_patch(Earth)
32
33      LEO = plt_pat.Circle(
34          xy = (0, 0), radius = r_L * scale,
35          color = "green", fill = False, linestyle = "--"
36      )
37      ax.add_patch(LEO)
38
39      if add_GTO == True:
40          GTO = plt_pat.Ellipse(
41              xy = (0, (r_G - r_L)/2 * scale),
42              width = 2 * math.sqrt(r_G * r_L) * scale,
43              height = 2 * r_T * scale,
44              color = "orange", fill = False, linestyle =
                    "-."
45          )
46          ax.add_patch(GTO)
47
48      if add_GEO == True:
49          GEO = plt_pat.Circle(
50              xy = (0, 0),
51              radius = r_G * scale,
52              fill = False, color = "magenta", linestyle =
                    ":"
53          )
54          ax.add_patch(GEO)
55
56      if add_DV1 == True:
```

```
57          ax.quiver(0, -r_L * scale, DV1, 0, scale_units =
               "xy", scale = 0.125)
58          ax.text(0, -9500, f"DV1 = {DV1/1000:.3f} km/s")
59
60      if add_DV2 == True:
61          ax.quiver(0, r_G * scale, -DV2, 0, scale_units =
               "xy", scale = 0.125)
62          ax.text(-20000, 45000, f"DV2 = {DV2/1000:.3f}
               km/s")
63
64      return ax
```

其中，除 Matplotlib 的 pyplot 模块之外，还引入了 patches 模块。这个模块帮助我们在 Matplotlib 中方便地绘制几何图形（圆、椭圆、多边形等）和箭头等元素。

1. 第一阶段：LEO 运行

卫星在 LEO 运行 3/4 个周期。通过程序 4.6 定义的 rk4_solution 函数，在该时间段内求解卫星轨迹参数 x, y 和速度参数 v_x, v_y，代码见程序 4.9。

程序 4.9 卫星在 LEO 的求解和可视化代码

```
1 x0, y0 = r_L, 0.00
2 vx0, vy0 = 0.00, v_L
3
4 t_start = 0.00
5 t_end = T_DV1
6 dt = 0.1
7
8 t_list_leo, x_list_leo, y_list_leo, vx_list_leo,
     vy_list_leo = \
9     rk4_solution(t_start, t_end, dt, x0, y0, vx0, vy0)
```

```
10
11 t_plot1 = t_list_leo
12 x_plot1 = x_list_leo
13 y_plot1 = y_list_leo
14 vx_plot1 = vx_list_leo
15 vy_plot1 = vy_list_leo
16
17 fig = plt.figure(figsize = (8,8))
18 ax = plot_orbit(fig, x_plot1, y_plot1, 8000, False,
       False, False, False)
19 plt.show()
```

绘制结果如图 4.9 所示。其中，蓝色小方块代表卫星在第一阶段末尾时刻的位置；虚线绘制了完整的 LEO；红色实线为数值求解得到的卫星运动轨迹，准确地覆盖了 LEO 的 3/4 个周期。

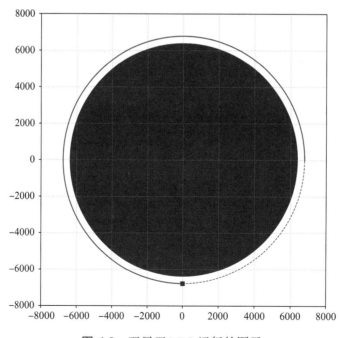

图 4.9　卫星于 LEO 运行的图示

2. 第二阶段：进入 GTO

见程序 4.10，首先取得第一阶段结束时的卫星参数，然后加上进入 GTO 时的速度增量，作为第二阶段的初始值。代码将两次计算得到的卫星轨迹合并在一起绘制，合并时需要注意去掉重复的值。

程序 4.10　卫星在 GTO 的求解和可视化代码

```
1  x1 = x_list_leo[-1]
2  y1 = y_list_leo[-1]
3  vx1 = vx_list_leo[-1] + DV1
4  vy1 = vy_list_leo[-1]
5  t_start = t_list_leo[-1]
6  t_end = T_DV2
7
8  t_list_tran, x_list_tran, y_list_tran, vx_list_tran,
       vy_list_tran = \
9      rk4_solution(t_start, t_end, dt, x1, y1, vx1, vy1)
10
11 t_plot2 = np.append(t_plot1, t_list_tran[1:])
12 x_plot2 = np.append(x_plot1, x_list_tran[1:])
13 y_plot2 = np.append(y_plot1, y_list_tran[1:])
14 vx_plot2 = np.append(vx_plot1, vx_list_tran[1:])
15 vy_plot2 = np.append(vy_plot1, vy_list_tran[1:])
16
17 fig = plt.figure(figsize = (8,8))
18 ax = plot_orbit(fig, x_plot2, y_plot2, 50000, True, True,
       True, False)
19 plt.show()
```

绘制结果如图 4.10 所示。

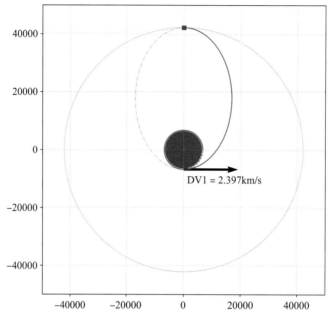

图 4.10　卫星于 GTO 运行的图示

3. 第三阶段：进入 GEO

见程序 4.11，首先取得第二阶段结束时的卫星参数，然后加上进入 GEO 时的速度增量，作为第三阶段的初始值。代码将三次计算得到的卫星轨迹合并在一起绘制。

程序 4.11　卫星在 GEO 的求解和可视化代码

```
1 x2 = x_list_tran[-1]

2 y2 = y_list_tran[-1]

3 vx2 = vx_list_tran[-1] - DV2

4 vy2 = vy_list_tran[-1]

5 t_start = t_list_tran[-1]

6 t_end = T_fin

7

8 t_list_geo, x_list_geo, y_list_geo, vx_list_geo,
     vy_list_geo = \
```

```
9        rk4_solution(t_start, t_end, dt, x2, y2, vx2, vy2)
10
11 t_plot_final = np.append(t_plot2, t_list_geo[1:])
12 x_plot_final = np.append(x_plot2, x_list_geo[1:])
13 y_plot_final = np.append(y_plot2, y_list_geo[1:])
14 vx_plot_final = np.append(vx_plot2, vx_list_geo[1:])
15 vy_plot_final = np.append(vy_plot2, vy_list_geo[1:])
16
17 fig = plt.figure(figsize = (8,8))
18 ax = plot_orbit(fig, x_plot_final, y_plot_final, 50000,
         True, True, True, True)
19 plt.show()
```

绘制结果如图 4.11 所示。

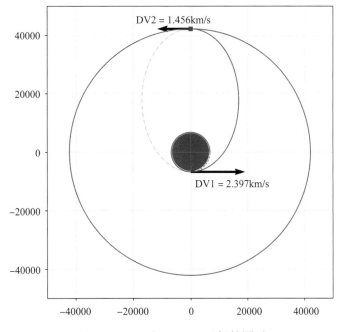

图 4.11　卫星于 GEO 运行的图示

4. 生成卫星运动轨迹的动态图像

我们可以更进一步，设置一个时间步长，截取从初始时刻到每一个时间步长的时间段，绘制该时间段内卫星的运动轨迹，并将其合并为一张动态图像。

程序 4.12 给出动态图像的生成代码。这里我们借助 Python 的绘图库 Pillow 将 Matplotlib 绘制的每个步长的图像输出到以 Image 对象为元素的数组中，然后存储为 GIF 格式的图像文件。

程序 4.12　将卫星轨迹绘制成动态图像的代码

```
1  from PIL import Image
2
3  images = []
4
5  t_final = t_plot_final[-1]
6  scale = 0.001
7
8  plot_dt = 500 # [s]
9  for img_n in range(1, int(t_final / dt), int(plot_dt /
       dt)):
10     fig_frame = plt.figure(figsize = (8,8))
11     ax = plot_orbit(
12         fig_frame, x_plot_final[:img_n],
             y_plot_final[:img_n],
13         50000, True, True, True, True
14     )
15
16     t_disp = t_plot_final[img_n]
17     ax.text(25000, 47000, f"$t$ = {int(round(t_disp))} s")
18
19     v_disp = math.sqrt(
20         vx_plot_final[img_n] ** 2 +
```

```
21          vy_plot_final[img_n] ** 2
22      ) * scale
23      ax.text(25000, 43000, f"$v$ = {v_disp:.3f} km/s")
24
25      r_disp = math.sqrt(
26          x_plot_final[img_n] ** 2 +
27          y_plot_final[img_n] ** 2
28      ) * scale
29      ax.text(25000, 39000, f"$r$ = {r_disp:.3f} km")
30
31      A_disp = 0.5 * (
32          x_plot_final[img_n] * vy_plot_final[img_n] -
33          y_plot_final[img_n] * vx_plot_final[img_n]
34      ) * (scale ** 2)
35      ax.text(25000, 35000, f"$\\Delta S/\\Delta t$ =
            {A_disp:.2f} km$^2$/s")
36
37      fig_frame.canvas.draw()
38      frame = Image.fromarray(
39          np.array(fig_frame.canvas.renderer.buffer_rgba())
40      )
41      images.append(frame)
42      plt.close()
43
44  images[0].save(
45      "SatelliteOrbit.gif",
46      save_all = True,
47      append_images = images[1:],
48      duration = 50, loop = 0
49  )
```

程序 4.12 同时还在图像中输出不同时刻计算得到的三个数据：卫星的速度、卫星与地心的距离以及卫星扫过的"面速度"$\Delta S/\Delta t$。计算结果可以验证，"面速度"在每一个阶段内保持不变。这个规律是开普勒三大定律中的第二定律，其本质是卫星绕地球运动时遵循的角动量守恒定律。

运行程序 4.12，可生成名为 SatelliteOrbit.gif 的动态图像。读者可以运行程序 4.12 自行生成动态图像，并尝试调节每幅图之间的步长等参数。

4.4　多普勒效应的可视化

在太空探测中，我们能够观测到的几乎所有信息都来自于电磁波，而多普勒效应对此有着重要的意义和作用。美国天文学家埃德温·哈勃于 1929 年测量星系光谱时发现，远离地球的星系光谱发生了红移，意味着星系正在远离我们，并且越远的星系远离我们的速度越快，速度与距离成正比，其比值就是著名的哈勃常数。哈勃的发现为当今包括大爆炸理论在内的一系列宇宙学理论奠定了观测的基础。

其他一些太空探测也应用了多普勒效应。例如，图 4.12 显示了美国宇航局发射的太阳动力学天文台（solar dynamics observatory，SDO）卫星测得的太阳表面谱线多普勒频移数据。数据用伪彩色表示，蓝色和红色分别代表测得的谱线

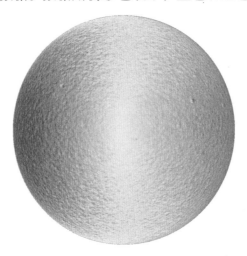

图 4.12　太阳动力学天文台（SDO）卫星测得的日面谱线多普勒频移数据

蓝移和红移程度。可以看到，太阳表面整体呈现左半边蓝移、右半边红移的现象，反映太阳的自转；多普勒频移还在各处呈现不规则的扰动，代表太阳表面的物质在小尺度范围内的对流运动。如果太阳表面产生黑子，会在多普勒频移数据上显示出大面积的扰动。

4.4.1　多普勒效应的原理和数学描述

我们先看两个最简单的情形。如图 4.13 所示，波源的运动方向沿着波源本身和观察者之间的连线。

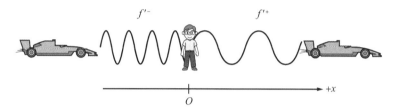

图 4.13　波源接近和远离观测者产生的多普勒效应

设波源发出的波动频率为 f，波速为 V，波源相对观测者的运动速度为 v_s，那么观测者在波源接近和远离自己时，收到的波动频率 f'^- 和 f'^+ 分别为

$$f'^- = f \cdot \frac{V}{V - v_s} \tag{4.33}$$

$$f'^+ = f \cdot \frac{V}{V + v_s} \tag{4.34}$$

由上述两式得知，波源接近观测者时，$V/(V - v_s) > 1$，观测者收到的频率上升；反之，波源远离观测者时，$V/(V + v_s) < 1$，观测者收到的频率下降。

更一般的情况，观测者很可能不在波源的行进路线上，比如观看 F1 赛车的观众作为波源的接收者，就是位于赛道旁的观众席上而不是赛道上。因此，有必要详细讨论一般的情形。

如图 4.14 所示，观测者位于点 O，波源在点 O 以外的一条直线上匀速运动，速度矢量为 $\boldsymbol{v}_s$，波的传播速度为 V。

设 t 时刻波源位于点 S，波源和观测者的相对位移由矢量 $\boldsymbol{r}(t)$ 表示。那么观测者在点 O 位置接收到点 S 发出的波的时刻为

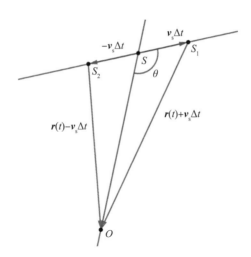

图 4.14　一般情况下的多普勒频移示意图

$$t' = t + \frac{|\boldsymbol{r}(t)|}{V} \tag{4.35}$$

经过 Δt 时间段后，到达 $t_1 = t + \Delta t$ 时刻，波源位于点 S_1，发出的波被观测者在点 O 位置接收到的时刻为

$$t_1' = t_1 + \frac{|\overrightarrow{S_1 O}|}{V} = t + \Delta t + \frac{|\boldsymbol{r}(t) + \boldsymbol{v}_s \Delta t|}{V} \tag{4.36}$$

类似地，在 Δt 时间段之前，也就是 $t_2 = t - \Delta t$ 时刻，波源位于点 S_2，发出的波被观测者在点 O 位置接收到的时刻为

$$t_2' = t_2 + \frac{|\overrightarrow{S_2 O}|}{V} = t - \Delta t + \frac{|\boldsymbol{r}(t) - \boldsymbol{v}_s \Delta t|}{V} \tag{4.37}$$

波源在 t_1 时刻和 t_2 时刻先后发出的波，被观测者接收到的时刻分别为 t_1' 和 t_2'，而这两束波相差的波峰或波谷的数量应当相等。因此，波源的频率 f 和接收者感受到的频率 f' 的关系为

$$f \cdot (t_2 - t_1) = f' \cdot (t_2' - t_1') \tag{4.38}$$

将式 (4.36) 和式 (4.37) 代入式 (4.38) 并展开，得到

$$f' = f \cdot \frac{2V\Delta t}{2V\Delta t + |\boldsymbol{r}(t) + \boldsymbol{v}_s \Delta t| - |\boldsymbol{r}(t) - \boldsymbol{v}_s \Delta t|} \tag{4.39}$$

当 Δt 很小的时候，可以借助泰勒展开计算式 (4.39) 中的分母：

$$|\boldsymbol{r}(t) \pm \boldsymbol{v}_{\mathrm{s}}\Delta t| = \sqrt{|\boldsymbol{r}(t)|^2 + |\boldsymbol{v}_{\mathrm{s}}|^2\Delta t^2 \mp 2|\boldsymbol{r}(t)||\boldsymbol{v}_{\mathrm{s}}|\cos\theta\Delta t}$$

$$= |\boldsymbol{r}(t)|\sqrt{1 \mp 2\frac{|\boldsymbol{v}_{\mathrm{s}}|}{|\boldsymbol{r}(t)|}\cos\theta\Delta t + \frac{|\boldsymbol{v}_{\mathrm{s}}|^2}{|\boldsymbol{r}(t)|^2}\Delta t^2}$$

$$\approx |\boldsymbol{r}(t)|\left(1 \mp 2\frac{|\boldsymbol{v}_{\mathrm{s}}|}{|\boldsymbol{r}(t)|}\cos\theta\Delta t\right)^{1/2} \text{ (省略高阶项)}$$

$$\approx |\boldsymbol{r}(t)|\left(1 \mp \frac{1}{2}\cdot 2\frac{|\boldsymbol{v}_{\mathrm{s}}|}{|\boldsymbol{r}(t)|}\cos\theta\Delta t\right) \text{ (泰勒展开)}$$

$$= |\boldsymbol{r}(t)| \mp |\boldsymbol{v}_{\mathrm{s}}|\cos\theta\Delta t$$

消去式 (4.39) 中的 Δt，得到

$$f' = f \cdot \frac{V}{V - |\boldsymbol{v}_{\mathrm{s}}|\cos\theta(t)} \tag{4.40}$$

回顾式 (4.33) 和式 (4.34)，它们刚好分别是 θ 角恒为 $0°$ 和 $180°$ 的情形，也代表多普勒频移的两个极值。

随着波源运动，其运动方向矢量 $\boldsymbol{v}_{\mathrm{s}}$ 和相对位移矢量 $\overrightarrow{SO}$ 的夹角 θ 是随时间变化的，需要进行额外的计算。本节我们将根据式 (4.39) 和式 (4.40) 计算多普勒频移，并比较两种计算方式的结果。

4.4.2　多普勒频移的可视化

接下来我们着手用 Python 进行多普勒频移的可视化。

1. 准备工作

程序 4.13 调用 Python 模块，设置参数，根据式 (4.33) 和式 (4.34) 计算两个极端情况下的多普勒频移。因频繁使用 NumPy 的线性代数子模块（linalg）中计算矢量长度的 norm 函数，所以在第 3 行用 from ... import 语句单独调用。

程序 4.13　多普勒频移可视化的相关模块和参数设定

```
1  import math
2  import numpy as np
3  from numpy.linalg import norm
4  import matplotlib.pyplot as plt
5  from PIL import Image
6
7  plt.rcParams["font.family"] = ["Microsoft YaHei",
       "sans-serif"]
8
9  # 参数设定
10 V   = 340 # 音速 [m/s]
11 v_s = 150 # 波源的运动速度 [m/s]
12 f   = 440 # 波源的频率 [Hz]
13 T   = 10  # 动态图像总时间 [s]
14 dt  = 0.1 # 动画的时间间隔 [s]
15 t_p = 1.0 # 波阵面的间隔时间 [s]
16
17 # 多普勒频移的极值
18 f_max = f * V / (V - v_s)
19 f_min = f * V / (V + v_s)
20
21 print(f"f'- = {f_max} Hz")
22 print(f"f'+ = {f_min} Hz")
```

输出结果为

```
f'- = 787.3684210526316 Hz
f'+ = 305.3061224489796 Hz
```

程序 4.14 定义用来绘制球面波的 SoundWavePlot 函数，代表位于 r_s 位置的波源发出的波在 t_s 时刻形成的圆球形波阵面。观测者（绿色圆点）的位置设为 (0,0)，函数通过计算波传播的距离以及波源到观测者的位置来进行判断，尚未到达观测者的波阵面绘制为实线，已通过观测者的波阵面绘制为虚线。

程序 4.14　绘制球面波的函数和测试图

```
1  def SoundWavePlot(ax, t_s, r_s):
2      Center = r_s
3      Radius = t_s * V
4      phi = np.linspace(0, 2 * np.pi, 121)
5      x = Radius * np.cos(phi) + Center[0]
6      y = Radius * np.sin(phi) + Center[1]
7      if norm(Center) - Radius > 0.0:
8          ax.plot(x, y, "r-")
9      else:
10         ax.plot(x, y, "r--")
11
12 fig = plt.figure(figsize = (8, 8))
13 ax = fig.add_subplot(111)
14 ax.set_xlabel("$x$/m")
15 ax.set_ylabel("$y$/m")
16 ax.grid()
17 r_s = np.array([200, 400])
18 ax.plot(r_s[0], r_s[1], "m>")
19 ax.plot(0, 0, "go")
20 SoundWavePlot(ax, 1.0, r_s)
21 SoundWavePlot(ax, 2.0, r_s)
22 plt.show()
```

程序 4.14 同时绘制了一个静止波源的波动传播示意图作为测试，如图 4.15 所示。从图中可以估计，波动在 1~2 秒内的某一时刻传播到观测者的位置。

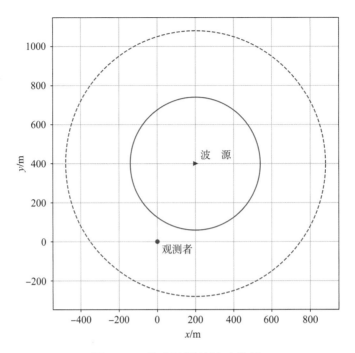

图 4.15 静止波源的波动传播

2. 多普勒频移数据的计算

程序 4.15 对多普勒频移的相关数据进行计算，并将结果存于数组中。

① t_prime_list 的每个元素为 t 时刻波源发出的波传播到观测者的时刻 t'。

② f_prime_list 和 f_prime_theta_list 的每个元素为对应的观测者接收到的频率，分别用式 (4.39) 和式 (4.40) 计算，以进行对比。

读者运行代码时，可改变波源的初始位置 x0 和 y0，以获得不同情形下的多普勒频移。为了简化，假定波源始终沿着与 x 轴正向平行的方向传播。

程序 4.15 多普勒频移数据的计算代码

```
1  # 波源和接收者相关数据的计算
2  t_list = []  # 波源的时间序列数组
3  r_list = []  # 波源的位置序列数组
```

```
 4 t_prime_list = []  # 观测者接收到波的时间序列数组

 5 f_prime_list = []  # 观测者接收到波的频率，用矢量计算

 6 f_prime_theta_list = []  # 观测者接收到波的频率，用角度计算

 7

 8 # 波源的初始位置 [m]

 9 y0 = 0.0

10 x0 = -v_s * T / 2

11

12 for t in np.arange(0.0, T + dt, dt):

13     t_list.append(t)

14

15     r_x = x0 + t * v_s

16     r_y = y0

17     r = np.array([r_x, r_y])

18     r_list.append(r)

19

20     t_prime_list.append(

21         t + norm(r) / V

22     )

23

24     dr = np.array([v_s * dt, 0])

25     f_prime_list.append(

26         2 * f * V * dt/(2 * V * dt + norm(r + dr) - norm(r

            - dr))

27     )

28

29     theta = math.pi - math.atan2(r_y, r_x)

30     f_prime_theta_list.append(

31         f * V / (V - v_s * math.cos(theta))

32     )
```

3. 绘制图像并合成动态图像

程序 4.16 给出绘制波动传播和频率变化的图像的实现代码。每一帧图像包括两幅子图，上图绘制波阵面的传播过程，下图绘制观测者接收到的频率，并标出了原始频率和两个极值作为对比。

程序 4.16　波动传播和频率变化的可视化代码

```
 1  images = []
 2
 3  plot_time = 0.0
 4  plot_list = []
 5
 6  for i, t in enumerate(t_list):
 7      fig = plt.figure(figsize = (8, 8))
 8
 9      r = r_list[i]
10
11      ax1 = fig.add_subplot(211, aspect="equal")
12      ax1.set_title("声波传播的图像")
13      ax1.set_xlim(-abs(T/2*v_s + 4.0*V), abs(T/2*v_s +
            4.0*V))
14      ax1.set_ylim(-abs(T/4*v_s + 2.0*V), abs(T/4*v_s +
            2.0*V))
15      ax1.set_xlabel("$x$/m")
16      ax1.set_ylabel("$y$/m")
17      ax1.grid()
18
19      ax1.text(0.99, 0.92, f"$t$ = {t:.2f} s", ha = "right",
            transform = ax1.transAxes)
```

```
20    ax1.text(0.99, 0.86, "$v_{\\mathrm{s}}$ = " +
          f"{v_s:.2f} m/s", ha = "right", transform =
          ax1.transAxes)
21    ax1.text(0.99, 0.80, "$x_{\\mathrm{s}}$ = " +
          f"{r[0]:.2f} m", ha = "right", transform =
          ax1.transAxes)
22    ax1.text(0.99, 0.74, "$y_{\\mathrm{s}}$ = " +
          f"{r[1]:.2f} m", ha = "right", transform =
          ax1.transAxes)
23
24    ax1.axhline(y = y0)
25    ax1.plot(0, 0, "go", markersize = 10)
26    ax1.plot(r[0], r[1], "m>", markersize = 10)
27
28    if np.around(t - plot_time, 10) > 0.0:
29        plot_list.append((t, r))
30        plot_time += t_p
31
32    for t1, r1 in plot_list:
33        SoundWavePlot(ax1, t - t1, r1)
34
35    ax2 = fig.add_subplot(212)
36    ax2.set_title(" 频率")
37    ax2.set_xlim([0.0, T])
38    ax2.set_xlabel("$t$/s")
39    ax2.set_ylabel("$f'$/Hz")
40    ax2.grid()
41
42    ax2.axhline(y = f, linestyle = "-",
```

```
43                    label = f"$f$ = {f:.2f} Hz")
44        ax2.axhline(y = f_max, linestyle = "--",
45                    label = f"$f'^-$ = {f_max:.2f} Hz")
46        ax2.axhline(y = f_min, linestyle = "--",
47                    label = f"$f'^+$ = {f_min:.2f} Hz")
48        ax2.plot(t_prime_list, f_prime_theta_list,
49                "r-", label = "$f'(\\theta)$")
50
51        f_prime_now = ["-"]
52        for j, t2 in enumerate(t_prime_list):
53            if t - t2 >= 0.0:
54                ax2.plot(t2, f_prime_list[j], "kx")
55                f_prime_now[0] = round(f_prime_list[j], 1)
56
57        ax2.plot([], [], "kx", linestyle = "none",
58                label = f"$f'$ = {f_prime_now[0]} Hz")
59        ax2.legend(loc = "upper right")
60
61        fig.subplots_adjust(hspace = 0.3)
62
63        fig.canvas.draw()
64        image = Image.fromarray(np.array(
65            fig.canvas.renderer.buffer_rgba()
66        ))
67        images.append(image)
68        plt.close()
69
70    images[0].save(
71        "Doppler.gif",
```

```
72        save_all = True,
73        append_images = images[1:],
74        duration=dt*1000, loop = 0
75    )
```

当程序 4.15 中的初始值 y0 设为 0 时，绘制的动态图像在 $t = 8.0\,\text{s}$ 时刻的截图如图 4.16 所示。

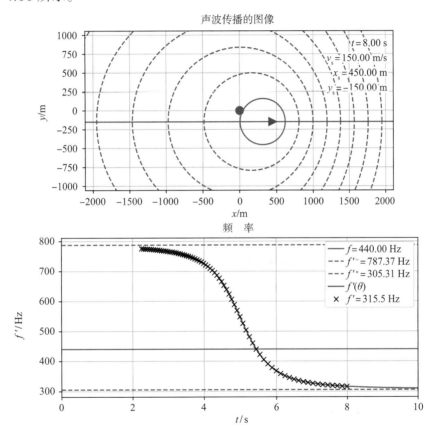

图 4.16　$y = 0$ 位置的波源运动和多普勒频移的可视化

图 4.16 上方子图显示，随着波源的运动，波阵面显示出"前密后疏"的形态，这就是图 4.13 所示的多普勒频移的直观原因：相同时间内，面向波源的接收者收到的波峰或波谷较多，而背向波源的接收者收到的波峰或波谷较少。

图 4.16 下方子图分别用红色实线和黑色叉号表示由式 (4.39) 和式 (4.40) 计

算的观测者频率，它们符合得很好。$y = 0$，也就是波源和观测者始终在一条线上时，观测者接收到的频率分别等于式 (4.33) 和式 (4.34) 求得的频率，它们都是恒定的值。在波源与观测者的位置重合时，接收者收到的频率等于波源频率，恰好不发生频移；而波源从观测者身边"掠过"时，频率发生急促跃变。

　　将程序 4.15 中的 y0 改为 −150，重新运行代码，其在 $t = 8.0\,\mathrm{s}$ 时刻的截图如图 4.17 所示。此时，观测者接收到的频率呈连续变化，这符合日常生活中观察火车、赛车等物体运动时体验到的频率变化。

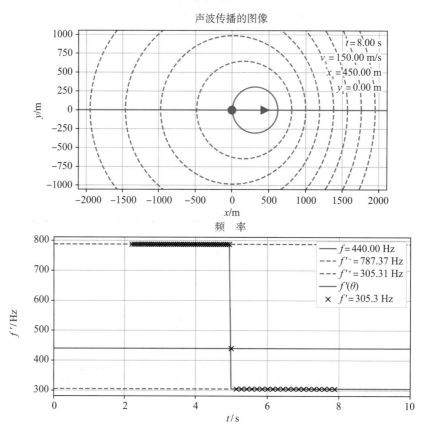

图 4.17　$y = -150$ 位置的波源运动和多普勒频移的可视化

4. 波源以音速和超音速运动时的情形

　　当波源的速度 v_s 等于音速 V 时，由式 (4.33) 可知，波源前方的观测者接收到的频率趋近于无穷大，失去了物理意义。

此时，将程序 4.13~4.16 中与多普勒频移有关的计算和绘制代码注释掉，只绘制波动传播的图像。图 4.18 显示了波源的速度等于音速时，$t = 5.0\,\text{s}$ 时刻波动传播的图像。此时，波源在不同时刻发出的波同时到达观测者所在的位置，在此处对传播声波的空气介质产生强烈挤压，形成激波（冲击波）。这道激波会对波源本身的运动造成阻碍，称为音障。

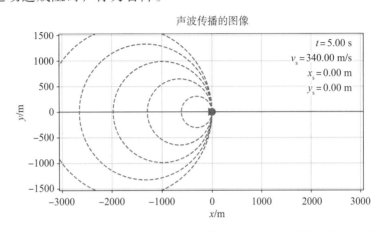

图 4.18　波源速度等于音速（马赫数等于 1）时形成音障的示意图

当波源的速度超过音速时，如图 4.19 所示，不同时刻发出的波阵面形成以波源为顶点的圆锥形激波面，俗称"马赫锥"。马赫锥传播到观测者位置时，观测者会听到巨大的音爆。

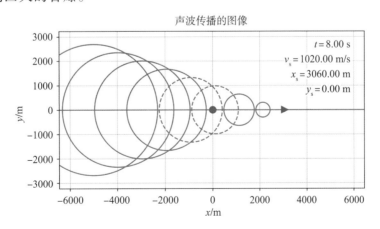

图 4.19　波源马赫数等于 3 时形成马赫锥的示意图

4.4.3　电磁波的多普勒频移

作为本章的结尾，我们简单讨论一下电磁波的多普勒频移。由于电磁波在真空中以光速传播，波源可能以较高速度运动，因此不能忽略相对论效应，需要对式 (4.40) 进行修正。

略去具体证明，考虑相对论效应，对多普勒频移的表达式 (4.40) 修正如下，其中，c 为真空中的光速：

$$f' = f \cdot \frac{\sqrt{1 - \dfrac{v^2}{c^2}}}{1 - \dfrac{v}{c}\cos\theta} \tag{4.41}$$

相应地，描述波源和观测者在同一条直线上的式 (4.33) 和式 (4.34) 被修正为

$$f'^{-} = f \cdot \sqrt{\frac{1 + v/c}{1 - v/c}} \tag{4.42}$$

$$f'^{+} = f \cdot \sqrt{\frac{1 - v/c}{1 + v/c}} \tag{4.43}$$

不难证明，当波源的运动速度 $v \ll c$ 时，以上相对论性多普勒频移的公式将退化到式 (4.40)、式 (4.33) 和式 (4.34)。